Nieten und Schweissen der Dampfkessel

dargestellt mit Berücksichtigung von Versuchen des Schweizerischen Vereins von Dampfkessel-Besitzern 1924/25

von

E. Höhn
Oberingenieur

Mit 154 Abbildungen im Text
und 28 Zahlentafeln

Springer-Verlag Berlin Heidelberg GmbH

ISBN 978-3-662-26899-5 ISBN 978-3-662-28368-4 (eBook)
DOI 10.1007/978-3-662-28368-4

Vorwort.

Nachdem auf Veranlassung des Schweizerischen Vereins von Dampfkessel-Besitzern in früheren Jahren die Festigkeit autogen und elektrisch geschweisster Nähte und Kesselteile untersucht worden ist, war es, da der Hochdruckkessel in greifbare Nähe rückt, gegeben, die Bedingungen zu untersuchen, unter welchen dicke Bleche genietet werden können. Gewiss ist es manchem Leser erwünscht, dass bei dieser Gelegenheit Umschau gehalten wird, wie die Aussichten für die Schweissung stehen.

Ich hätte an das schon stark bearbeitete Gebiet der Nietung nicht herantreten dürfen, wenn nicht neue Methoden dabei angewandt worden wären; es betrifft Dehnungsmessungen an Blech und Laschen von vernieteten Probestäben, sowie über genietete Verbindungen von Kesseln. Von einer umfassenden Bearbeitung des weitgehenden Problems musste ich abstehen, weil die Festigkeitsmaschine, die zur Verfügung stand, keine grössere Belastung als 100 t zulässt, und weil besondere Dehnungsmesser, über deren Beschaffenheit man erst im Lauf der Versuche klar wurde, fehlten. Die bei den Messungen zum erstenmal verwendeten Dehnungsmesser von Huggenberger haben sich infolge ihrer grossen Empfindlichkeit als besonders geeignete Instrumente erwiesen.

Die Probestäbe wurden kostenlos geliefert von
A.G. der Maschinenfabriken Escher, Wyss & Cie., Zürich,
Gebrüder Sulzer A.G., Winterthur,
Maschinenfabrik Oerlikon,
Schweizerische Bundesbahnen, Werkstätten Zürich und Olten,
Schweizerische Lokomotiv- und Maschinenfabrik, Winterthur.

Wir schulden diesen Firmen unsern ganz besondern Dank hiefür. Das Entgegenkommen der Direktion der Eidgenössischen Materialprüfungsanstalt ermöglichte es, die Stäbe unter Benützung einer Werderschen Maschine durch Ingenieure des Schweizerischen Vereins von Dampfkessel-Besitzern zu prüfen. Die Messungen sind durch Herrn Dr. sc. techn. A. Huggenberger unter Mitwirkung von Herrn H. Vogel ausgeführt worden, denen ich für ihre Sorgfalt und Ausdauer besonders verbunden bin.

Zürich, im Oktober 1925.

Der Verfasser.

Inhaltsverzeichnis.

I. Die Hohlkörperform.

Der Hohlkörper, der wie kein anderer geeignet ist, innerem oder äusserem Druck zu widerstehen, ist die Hohlkugel. Ihre Wand kann bei gleicher Sicherheit dünner sein als diejenige anderer Hohlkörper. Die in der Wand wirkenden Zugspannungen sind nach allen Richtungen gleich gross, die Radialspannungen sind bei verhältnismässig dünner Wand vernachlässigbar, Schub und Biegung treten nicht auf. Die Anwendbarkeit der Hohlkugel als Kessel oder Behälter ist leider sehr beschränkt.

Der Hohlkörper, der mit Bezug auf Eignung der Hohlkugel nahe steht, ist das hohle Rotationsellipsoid mit langer Achse; Biegungs- und Schubspannungen treten zwar auf, sind aber gering. Hohlkörper, die in ihrer Gesamtheit die Form eines Ellipsoids besitzen, gibt es jedoch nicht.

Der in der Technik verwendbarste Hohlkörper ist der Hohlzylinder. Ist er unendlich lang, so sind praktisch bloss Zugspannungen in der Wand zu berücksichtigen; Biegungsspannungen kommen jedoch hinzu, wenn er durch Böden abgeschlossen wird, oder in einen andern Hohlkörper übergeht.

Kastenförmige Hohlkörper, die als Kammern von Wasserrohrkesseln bei Economisern usw. verwendet werden, sind hohen Spannungen unterworfen, insbesondere Biegungsspannungen.

Höchstdruckkessel sind zusammengebaut aus dünnwandigen Röhren und aus Hohlzylindern, welche vielfach durch Böden mit kreisförmigem Meridian abgeschlossen werden. Aus dem Kofferkessel James Watts ist der moderne Rohrbündelkessel entstanden.

II. Aus einem Stück geschmiedete Trommeln.

Die bekannte Firma Krupp in Essen a. d. Ruhr verfertigt Trommeln, bei denen der zylindrische Mantel und die halbkugelförmigen Böden aus einem Stück geschmiedet sind. Hergang in der Herstellung: Lochen eines Blockes, sodass ein Ring entsteht, Ausschmieden desselben zu einem Hohlzylinder, allseitiges Bearbeiten des letztern, Anstauchen der Böden in Gesenken, Glühen. Die grössten Trommeln besitzen die Abmessungen:

1. Durchmesser bis 1,5 m, Länge des zylindrischen Teils bis 11 m
„ 1,5 bis 2 m „ „ „ 3,8 bis 3,5 m.

Die Enden der Böden sind mit Mannlöchern versehen.

Eine so hergestellte Trommel kann als ein Meisterwerk der Technik bezeichnet werden.

Die Trommeln werden nicht nur in S. M. Flusseisen („Stahl"), sondern auch in legierten Eisen, namentlich in Nickelstahl geliefert. Folgende Versuchsergebnisse werden bekannt gegeben:

	Streckgrenze	Festigkeit	Streckgrenze	Festigkeit	Streckgrenze	Festigkeit
Temperatur	20°		250°		350°	
S. M. Flusseisen	2,4 t/cm²	3,64 t/cm²	1,7 t/cm²	4,5 t/cm²	1,2 t/cm²	4,00 t/cm²
Nickelstahl D	3,0 „	4,38 „	2,0 „	4,05 „	1,8 „	3,81 „
„ A	4,0 „	5,22 „	2,5 „	4,33 „	2,3 „	4,33 „

Die Kerbzähigkeit der Nickelstahle, insbesondere der von Krupp angebotenen Marke A liegt gereckt und „künstlich gealtert"[1]) bedeutend über derjenigen des S. M. Flusseisens. Solch legierte Trommeln sind in hervorragender Weise zur Verwendung bei Höchstdruckkesseln geeignet.

Die Berechnung solcher Trommeln auf Festigkeit erfolgt unter Anwendung der Formeln für dickwandige Hohlzylinder[2]). Dabei ist die Betriebstemperatur zu berücksichtigen, bezw. die durch sie bedingte Streckgrenze. Die Festigkeitsrechnung sollte nicht bloss den Zylindermantel und die Böden für sich erfassen, sondern die Trommel als Ganzes[3]). In diesem Falle wird die Rechnung sehr verwickelt.

---

[1]) Siehe Seite 33.

[2]) Bach, Elastizität und Festigkeit. Ferner: Schweizerischer Verein von Dampfkessel-Besitzern, Jahresbericht 1923: Ueber die Festigkeit elektrisch geschweisster Hohlkörper, Kap. 30. (Verlag Julius Springer).

[3]) In diesem Sinn hat Prof. Dr. Meissner, Zürich, die Rechnung durchgeführt: „Zur Festigkeitsberechnung von Hochdruck-Kesseltrommeln". Schweiz. Bauzeitung, 4. Juli 1925.

Eine eingehende Untersuchung über die Festigkeit zylindrischer Schalen, die durch ebene Böden, bezw. Deckel oder durch ebene, gekrempte Böden abgeschlossen sind, ist seit Anfang dieses Jahres (1925) von unserem Ingenieur, Herrn Dr. sc. techn. A. Huggenberger in Arbeit. Die Ergebnisse werden im Anhang zu unserem Bericht über das Jahr 1925 veröffentlicht werden.

III. Nahtlose Zylindermäntel, eingenietete Böden.

Bei Kesseln, die nicht mit höchstem Druck betrieben werden, können die Böden in nahtlose Zylindermäntel eingenietet werden.

Nahtlose Rohre von grossem Durchmesser werden von verschiedenen Firmen hergestellt; Zylindermäntel für Dampfkessel bietet Krupp bis zu folgenden Abmessungen an:

i. Durchmesser bis zu	1,3 m	Länge bis zu	14 m
„ „	1,5 m	„ „	13 m
„	1,5 bis 3,3 m	„ „	4,5 m

Um die Böden mit dem nahtlosen Mantel zu verbinden, werden die Enden des letztern leicht kegelförmig ausgebohrt. Die Böden, deren zylindrische Ansätze ebenfalls kegelförmig abgedreht werden, presst man mittels mechanischer Einrichtungen in den Mantel ein. Die eingepassten Flächen liegen dann satt aufeinander und diese Verbindung wird fester und zuverlässiger als im Falle, dass Böden und Mäntel unbearbeitet bleiben. Von einer gewissen Wanddicke an ist das Einnieten der Böden wegen der Überhandnahme der Biegungsspannungen nicht mehr ratsam; die Grenze dürfte bei 4 cm liegen. Im übrigen ist bei Rundnähten das Vernieten dickerer Bleche als bei Längsnähten statthaft, Beweis in Kap. 16.

Elektrisches Verschweissen der Ränder von Boden und Mantel erhöht die Festigkeit einer Rundnaht ganz erheblich, es sei auf die Ausführungen von Kap. 17 verwiesen. Bei einer Rundnaht mit zwei Nietreihen ist die Sicherheit nach Ansicht des Verfassers weitgehend gewährleistet, sobald überdies die Ränder sorgfältig geschweisst sind. Es erscheint fraglich, ob drei Nietreihen grössere Sicherheit erbringen (Kap. 21).

Das beschriebene Verfahren ist auch anwendbar, wenn die Mäntel in der Längsnaht mittels Wassergas, autogen oder elektrisch geschweisst sind.

Die Wanddicke nahtloser Trommeln kann, sofern sie nicht sehr gross ist, berechnet werden gemäss

$$s = \frac{a}{\sigma_t} p + c \qquad 1)$$

a innerer Zylinderhalbmesser, c Abrostungszuschlag, z. B. 0,1 cm.

Diese Berechnungsweise ist statthaft ohne grossen Fehler zu begehen bis s = 0,05 a *); bei grösserer Wandstärke sind Formeln, die für dickwandige Hohlzylinder gelten, zu berücksichtigen.

Man muss sich vor Augen halten, dass eine Zylinderwand, im Vollen zum Bersten gebracht, einen höheren Druck aushalten würde, als Formel 1) erwarten lässt. Diese berücksichtigt nur Spannungen in einer Richtung, in Wirklichkeit sind aber in jedem Punkt einer Wand drei aufeinander senkrechte Hauptspannungen vorhanden. Die vom Schweizerischen Verein von Dampfkessel-Besitzern 1923 veranstalteten Versuche mit elektrisch geschweissten Hohlkörpern von verhältnismässig dünner Wand gewähren gemäss untenstehender Zahlentafel I Einblick in diese Verhältnisse. Das Festigkeitsverhältnis $z = \sigma_t : 3600$ überschritt in allen Fällen 100 %, wenn σ_t in kg/cm² aus

$\sigma_t = \frac{a}{s} p$ berechnet wird.

Tafel I. Erreichte Blechfestigkeit beim Sprengen von Probebehältern durch Wasserdruck.

Behälter N°	I	II	IV	VI	IX	XII
s (cm)	0,62	0,62	1,3	0,58	0,5	0,6
σ_t (kg/cm²)	4800	5100	4310	>4610	5900	4310
z %	133	141	120	> 128	164	120

Böden werden unter der Voraussetzung, dass sie kreisförmigen Meridian besitzen, berechnet gemäss

$$s = \frac{R_1 \, p}{2 \, \sigma_B} \qquad 2)$$

worin R_1 Wölbungshalbmesser, σ_B die zulässige Boden-Spannung, diese = 650 kg/cm² für Flusseisen (Hamburger Normen 1905).

*) Festigkeit elektrisch geschweisster Hohlkörper, S. 100.

Mit diesem niederen Ansatz glaubt man der Beanspruchung in der Krempe zu genügen. Es hat sich aber herausgestellt — wir verweisen auf Abb. 126 u. 127, Kapitel 16 —, dass die Krempenspannungen bei engem Krempenradius weit darüber hinausgehen, und zwar sind auf der Aussenseite nur Druckspannungen, auf der Innenseite im Meridianschnitt Zugspannungen wirksam. Wie der Verfasser nachgewiesen hat[1]), sind es diese, die Gefahren in sich schliessen.

Böden für Hohlkörper mit hohem Druck müssen daher so geformt sein, dass sie nicht überanstrengt werden. Der durch die Natur gegebene Bodenmeridian ist neben dem Kreis die Ellipse. Bei der letzteren wächst der Krümmungshalbmesser von der Krempe bis zum Scheitel gesetzmässig, bei korbbogenförmigem Meridian jedoch sprungweise. Ein Verhältnis der Halbachsen $k = a : b = 2 : 1$ gibt, wie es sich gezeigt hat[2]), gute Verhältnisse. Wird ein Boden verwendet, dessen Meridian korbbogenförmig ist, so sollte der Wölbungshalbmesser nicht grösser sein als der Durchmesser des Zylindermantels, $R_1 \overline{\overline{<}} D$, der Krempenhalbmesser nicht kleiner als bei der Ellipse, also $R_2 = \frac{b^2}{a} = \frac{2\,b^2}{D}$.

Für den elliptischen Boden (ohne zylindrische Fortsetzung der Krempe) tritt[3]) die grösste Spannung in der Krempe $(r = a)$ auf, wenn $k > 2$ ist. Sie ist aus Gleichung 3) zu berechnen.

$$r = a \left\{ \begin{array}{ll} \sigma_{max} = \sigma_u = \frac{a}{s_4}\left(1 - \frac{1}{2} k^2\right) p & \quad 3) \\ \sigma_m = \frac{a}{2s}\, p & \quad 4) \end{array} \right.$$

r ist der Abstand des betrachteten Punktes von der Rotationsachse. — Ist hingegen $k < 2$, so stellt sich die grösste Spannung im Scheitel des Bodens ein, für welchen die Spannungsgleichung lautet

$$r = 0 \qquad \sigma_u = \sigma_m = \frac{a\,k}{2\,s}\, p \qquad 5)$$

[1]) Z. V. D. J. 1925, S. 155 u. f.

[2]) Druckschrift: Ueber die Festigkeit elektrisch geschweisster Hohlkörper Kap. 31

[3]) Nach Huggenberger.

Bei der Anwendung dieser Gleichungen ist daran zu erinnern, dass der Einfluss, den der Zylindermantel auf den Boden ausübt, nicht berücksichtigt ist, was auch für Gleichung 2) zutrifft. Es sei auf die weitern Ausführungen von Kap. 16 verwiesen.

IV. Geschweisste Trommeln.

4. Wassergasgeschweisste Trommeln mit zugezogenen Böden.

Der hohe Stand der Wassergasschweisserei ermöglicht es, dickwandige Trommeln zu schweissen. Das Wassergas muss rein sein, das Eisen zum Schweissen geeignet. Nach Diegel[1]) trifft dies zu für weiches Siemens-Martin-Eisen von 3,4—4,0 t/cm² Zerreissfestigkeit und mindestens 25 % Dehnung. Härteres Blech, d. h. solches von grösserem Kohlenstoffgehalt und höherer Festigkeit, lässt sich auch verschweissen, leidet jedoch viel leichter durch Ueberhitzung und neigt zu Fehlstellen[2]). Gang der Herstellung der Trommeln: Die das Walzwerk verlassenden Bleche werden sorgfältig geglüht und dann ans Schweisswerk abgeliefert. Dort werden sie warm gerollt und unter Anordnung von einer, zwei oder bei ganz grossen Durchmessern auch drei Längsnähten zu einem Zylindermantel zusammengeschweisst. Dem Schweisshammer (der Schweisswalze) werden die Bleche überlappt dargeboten, wobei die Breite der Ueberlappung ungefähr der Blechdicke entspricht. Die Kanten sind behobelt; dies ermöglicht, das Blech auch bei grosser Wanddicke innerlich auf Schweisshitze durchzuwärmen, ohne einzelne Teile desselben zu verbrennen. Nach der Schweissung kommt der Zylindermantel in den Glühofen und sodann in rotwarmem Zustand auf die Biegewalze, hier erhält er die zylindrische Form. Nach Beendigung des Rundens läuft der Mantel in der Maschine weiter um, ohne von der Oberwalze Druck zu erhalten, bis er dunkel geworden ist. Dies geschieht, um zu verhüten, dass er sich beim Erkalten verzieht. Ist Unrundwerden nicht mehr zu

---

[1]) Versuche über die Beanspruchung des Materials geschweisster zylindrischer Kessel, Forschungsarbeiten des V. D. I.; Heft 2, 1920.

[2]) Ueber die Zusammensetzung siehe „Stahl und Eisen" 1919, S. 203 u. a.

befürchten, so wird der Mantel herausgenommen. Nach dem Erkalten werden die Enden abgestochen und gegebenenfalls konisch ausgedreht.

Für Trommeln ohne Rundnähte werden die glühend gemachten Enden unter der hydraulischen Presse zu Halbkugelböden zugezogen. Die letztern werden bis auf eine Mannloch-Oeffnung geschlossen. Die August Thyssen-Hütte (Müllheim a. d. Ruhr) empfiehlt als Massnahme gegen bleibende Formveränderung, bei der Druckprobe solcher Trommeln den Probedruck auf den dreifachen Betriebsdruck zu erhöhen, wobei die Tangentialspannung ungefähr 1500 kg/cm² erreicht. Die hiebei unvermeidlich eintretende Gefügeänderung wird durch Glühen beseitigt. Die Grösse solcher Mäntel und Trommeln ist abhängig von der Länge der Schweissmaschinen und der Grösse der Glühöfen. Zylindermäntel können bis 9,5 m Länge ohne Rundschweissnaht bei einem Durchmesser bis 2,5 m und einer Blechdicke bis 6 cm geliefert werden, Trommeln von der August Thyssen-Hütte bis 8,9 m Länge und 1,7 m Durchmesser.

Unter den Veröffentlichungen über die Festigkeitsverhältnisse wassergasgeschweisster Nähte greifen wir diejenigen von Diegel heraus [1])

k_b geschweisst 2,9—3,7 t/cm² Mittelwert 3,3 t/cm²
oder 80,6—106,8 % Mittelwert 93 %

des ungeschweissten Bleches, bei welchem

k_b ungeschweisst 3,3—3,6 t/cm² Mittelwert 3,5 t/cm²

Die Dicke der Schweissnaht betrug 77 bis 98 % derjenigen des ungeschweissten Bleches.

Von den Schweisswerken sind ähnliche eher gleichmässigere Festigkeitszahlen veröffentlicht worden [2]), ausserdem solche über Kerbschlagproben. Die Kerbschlagversuche ergeben hie und da Werte, die über dem Mittel der Proben des unge-

---

[1]) Versuche über die Beanspruchung des Materials geschweisster zylindrischer Kessel, Forschungsarbeiten, V.D.I., Heft 2, Serie M.

[2]) Z. B. Vortrag von Direktor Wallmann, Kiel, 1924; von Oberingenieur Röckner, Hamburg, 1924 (Archiv für Wärmewirtschaft, V. D. I., 1924, S. 121).

schweissten Materials liegen. Dies kann mit der intensiven Durcharbeitung des Materials beim Schweissen erklärt werden.

An wassergasgeschweissten Turbinenrohren, die bei einem grossen kürzlich in Betrieb gesetzten schweizerischen Kraftwerk verwendet worden sind, ergaben sich Festigkeitswerte gemäss Tafel II. Die Probestäbe sind am Herstellungsort den Längsnähten an beliebiger Stelle entnommen worden; Blechdicke 1,8 bis 3,7 cm, Stabbreite 4,7 bis 3,1 cm. Für das Blech war Kessel-Feuerblech F I von 3,4—4,1 t/cm² Festigkeit bei mindestens 25 % Dehnung vorgeschrieben. Zahl der Probestäbe insgesamt 64.

Tafel II. Zerreissfestigkeit von Stäben, aus wassergasgeschweissten Druckrohren herausgeschnitten.

	Bruch in der Naht		Bruch ausser der Naht	
Zahl der Probestäbe	43		21	
Mittlere Zugfestigkeit *K* t/cm²	3,30		3,55	
	K t/cm²	(bei λ %)	K t/cm²	(bei λ %)
Größtes Einzelergebnis *K* t/cm²	3,92	(23)	3,83	(25)
Kleinstes „ *K* t/cm²	2,34	(3)	3,38	(29)
Mittlere Dehnung . . . λ %	14,4		27,2	
	λ %	(bei K t/cm²)	λ %	(bei K t/cm²)
Größtes Einzelergebnis . λ %	31	(3,46)	32	(3,6)
Kleinstes „ . λ %	3	(2,34)	20	(3,48)

Die eingeklammerten Zahlen bedeuten zugehörige Dehnung bezw. zugehörige Zugfestigkeit. Die Kontraktion ist nicht bei allen Stäben bestimmt worden, sie war sehr ungleichmässig für die festgestellten Fälle.

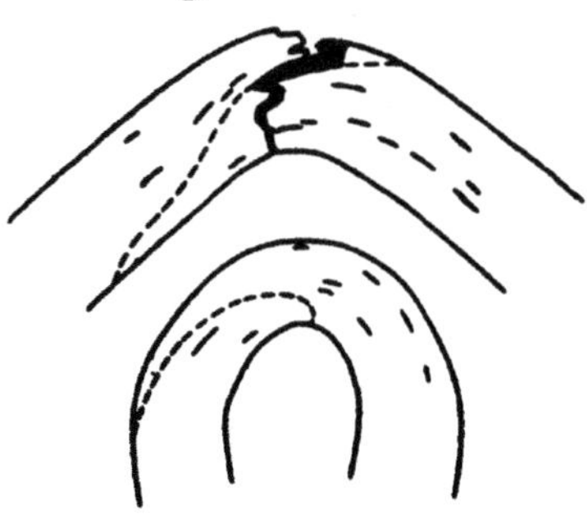

Abb. 1. Gebogene wassergasgeschweisste Stäbe.

Abb. 1 stellt gebogene wassergasgeschweisste 3,6 cm dicke Stäbe dar, aus Rohren der erwähnten Druckleitung herausgeschnitten. Länge und Verlauf der Schweissnaht ist durch gestrichelte Linien erkennbar gemacht. Ein Stab hielt eine Biegung von 180° bei einem Krümmungsradius von 25 mm aus; der andere brach bei ca 80°.

Die Blechdicke wassergasgeschweisster Mäntel kann ermittelt werden gemäss*)

$$s = \frac{D\,p\,x}{2\,K\,z} + 0{,}1 \quad \text{(cm)} \qquad 6)$$

Sie ist aus Formel 1) hervorgegangen, wobei $\sigma_t = K : x$ und das Festigkeitsverhältnis z eingeführt wird. K wird, wenn nicht durch Zerreissversuche bekannt, = 3600 kg/cm² genommen, x ist der Sicherheitskoeffizient und z das Festigkeitsverhältnis von Naht zu Blech. Für x sei 4,5 vorgeschlagen, für z kann sich der Verfasser den Diegel'schen Vorschlägen anschliessen:

z = 0,8 für Maschinenschweissung

z = 0,7 für Handbearbeitung.

Bei geringerer Blechdicke als 1 cm sind Zugaben zu machen.

Neuere Bestrebungen zielen dahin, herbeizuführen, dass für das Festigkeitsverhältnis z ein höherer Wert als 0,8 angenommen wird.

Formel 6) ist auch bei dicken Blechen anwendbar; es wäre zwecklos, die Festigkeit nach umständlichen Formeln genau zu rechnen und dabei über die Grösse von z nicht genau unterrichtet zu sein.

5. Trommeln mit autogen und elektrisch geschweissten Nähten.

In jeder, auch in der kleinsten Werkstätte benützt man heute die Schmelzflamme oder den elektrischen Strom zum Schweissen. Die Güte des Erzeugnisses hängt dabei wesentlich davon ab, ob zuverlässig geschweisst wird; die Leistung des Einzelnen fällt sehr ins Gewicht. Eine Gefahr liegt auch darin, dass der Kessel oder Behälter nicht nach Vorbildern konstruiert ist, die mit der Eigenart der Schweissung vereinbar sind. Wird richtig konstruiert und gut geschweisst, so kann der Erfolg nicht ausbleiben.

Eine Wassergas-Schweissnaht verläuft schräg durchs Blech, Abb. 1; das Profil einer autogenen oder elektrischen Schweissnaht ist in Abb. 2 – 5 erkennbar. Um die Festigkeit der zuletzt genann-

*) Bekannte Formel der Hamburger Normen.

ten Nähte zu erhöhen, müssen Kerben und Ritzen gut ausgeschweisst werden z. B. bei V-Nähten von der Wurzel her. Die Naht wird ausserdem verdickt. Das Verdicken ist nur bei der autogenen und elektrischen Schweissung möglich, was diesen Verfahren zugute kommt. Auf Laschensicherungen, genietete und geschweisste, kommen wir später zu sprechen.

Beim Elektrisch-Schweissen wird das Blech weniger hoch erhitzt als mit der Schmelzflamme. Dort entstehen geringere Wärmespannungen als hier, und dies ist häufig ausschlaggebend für die Wahl des Schweissverfahrens. Autogen geschweisste Nähte sind ausglühbar, sie sind weniger spröd als die elektrisch geschweissten.

Die Eignung der Schweissdrahtes spielt bei der autogenen Schweissung eine wichtige, bei der elektrischen die ausschlaggebende Rolle für die Güte der Naht. Darüber, wie Flusseisen und Drähte beschaffen sein müssen, damit die Schmelzflammenschweissung gelingt, liess sich Diegel vernehmen.[1]) Nähte, die unter Verwendung bewickelter Elektroden elektrisch geschweisst wurden, haben sich bei unsern Versuchen (1923) als bedeutend zäher gezeigt, als Schweissgut, das von nackten Elektroden stammt. Bei der elektrischen Schweissung weiss man heute, worauf es ankommt: Verwendung von Gleichstrom und bewickelte Elektroden. Werden diese Voraussetzungen erst allgemein erfüllt und fehlt es nicht an Uebung und Sorgfalt, so steht der elektrischen Schweissung eine bedeutende Zukunft bevor.

Festigkeit und Zähigkeit autogen und elektrisch geschweisster Nähte sind durch den Schweizerischen Verein von Dampfkessel-Besitzern geprüft worden.[2])

---

[1]) Forschungsarbeiten des Vereins Deutscher Ingenieure, 1922, Heft 246.

[2]) 1914: Versuche mit autogen geschweissten Kesselblechen.

1921: Versuche mit autogen und elektrisch geschweissten Kesselteilen. (Unter Mitwirkung des Schweizerischen Azetylen-Vereins.)

1923: Ueber die Festigkeit elektrisch geschweisster Hohlkörper. (Julius Springer).

Tafel III. Mittelwerte für Festigkeit und Zähigkeit autogen geschweisster Nähte (gemäss Kap. 2 der Ausführungen 1923).

52 Stäbe Stabdicke 1,2 cm Zugfestigkeit 2,5—3,0 t/cm²	52 Stäbe 1,2 cm Biegewinkel 162,5°	78 Stäbe 1,2 cm Kerbzähigkeit (=Deformationsarbeit) 5,98 mkg/cm²

Die Nähte waren verdickt, die Zahlen von Tafel III beziehen sich jedoch auf den wahren Querschnitt. Heute wären höhere Zahlen zu erwarten, weil die Werke mehr Uebung besitzen; es darf bei der autogenen Schweissung mit einer Zerreissfestigkeit von 2,8 bis 3,0 t cm² gerechnet werden.

Zahlentafel IV. Zugfestigkeit elektrisch (unter Anwendung von Quasi-Arc-Elektroden) **geschweisster Nähte in t/cm².**
Mittelwerte aus je 18—20 Probestäben (insgesamt 148 Stäben).
NB. Quasi-Arc-Elektroden sind umwickelt.

Stabdicke	s = 1,0 cm		s = 1,7 cm			s = 2,5 cm		
Nahtprofil	V	V_d	V	V_d	X	V	V_d	X
Mittelwert	>3,49	>3,70	>3,71	>3,85	3,61	3,45	3,68	3,61
Bruch ausserhalb der Naht bei Anzahl Stäben	3	5	2	2	1			
Grösster Einzelwert	4,04	4,24	4,16	4,18	4,02	4,10	4,19	4,00
Kleinster Einzelwert	1,90	2,90	2,71	3,34	2,94	2,02	3,28	2,07

V heisst einseitig geschweisstes, V_d doppelt geschweisstes bezw. wurzelseitig nachgeschweisstes V-Profil; X bezieht sich auf das X-Profil. > bedeutet: Einige Stäbe brachen ausserhalb der Schweissnaht.

Der Mittelwert aller 148 Stäbe der Tafel IV ist 3,63 t/cm².

Die Festigkeit weiterer ca. 150 mit nicht umwickelten (nackten oder mit Pasten versehenen) Elektroden geschweissten Probestäbe war geringer, z. T. ganz ungenügend.

Tafel V. Kaltbiegeproben mit elektrisch geschweissten Stäben.

Mittelwerte aus insgesamt 148 Probestäben, geschweisst mittels Quasi-Arc- (d. h. umwickelten) Elektroden. Auf 18—20 Probestäbe entfällt 1 Mittelwert. Flusseisen/Flusseisen. Dorndurchmesser=Stabdicke.

Mittlerer, grösster und kleinster Biegewinkel in Grad.

Stabdicke	s = 1,0 cm		s = 1,7 cm			s = 2,5 cm		
Nahtprofil	V	V_d	V	V_d	X	V	V_d	X
Mittlerer Biegewinkel	67,7	78,6	33,2	31,9	36,5	20,8	23,2	30,5
Grösster einzelner Biegewinkel	180	180	57	68	75	37	37	49
Kleinster einzelner Biegewinkel	12	16	17	14	14	5	11	18

Ueber die Bezeichnungen V, V_d, X siehe Tafel IV.

Die mit nicht umwickelten Elektroden geschweissten Stäbe ergaben geringere Biegewinkel.

Tafel VI. Kerbschlagproben mit elektrisch geschweissten Stäben,

vorgenommen mit dem Pendelhammer. Querschnittbreite = Stabdicke, d h. 1,2 1,7 2,5 cm. Höhe über der Kerbe 1,5 cm. Nutzbarer Querschnitt 1,8 cm², 2,55 cm², 3,75 cm². Zahl der Probestäbe insgesamt 417; Tafel VI umfasst 240 mit Quasi-Arc-Elektroden geschweisste Probestäbe, jeder Mittelwert 30 Einzelwerte.

Mittel-, Höchst- und Mindestwerte für die Kerbzähigkeit K mkg/cm²

Stabdicke	s = 1,0 cm		s = 1,7 cm			s = 2,5 cm		
Nahtprofil	V	V_d	V	V_d	X	V	V_d	X
Mittelwert	5,3	5,0	2,9	4,0	5,3	2,7	3,4	4,0
Höchster Einzelwert	12,9	14,8	7,4	11,1	12,1	9,4	13,6	10,4
Mindester Einzelwert	1,2	1,1	0,6	0,6	0,8	0,45	0,2	0,85

Ueber die Bezeichnungen V, V_d, X siehe Tafel IV.

Auch hier kam den mit nicht bewickelten Elektroden geschweissten Probestäben geringere Kerbzähigkeit zu.

Aus diesen Proben, namentlich den Biegeproben, geht hervor, dass elektrisch geschweisste Nähte spröder sind als autogen geschweisste, dagegen zeichnen sie sich durch hohe Festigkeit aus.

Die Blechdicke, bis zu welcher autogen und elektrisch geschweisst werden kann, hängt von der vorhandenen Einrichtung und der Tüchtigkeit der Schweisser ab. Der Verfasser hält die autogene Schweissung anwendbar für Bleche bis zu 3,5 cm Dicke, die elektrische bis zu 4,0 cm.

Das Autogen-Schweissen wird in der Regel in einem Arbeitsgang erledigt, ob dann einseitig oder zweiseitig geschweisst werde. Würde wie bei zweiseitiger Schweissung wiederholt aufgewärmt, so müsste sich das Blech noch stärker verziehen als bei einmaliger Aufwärmung. Das gegebene Fugenprofil ist V-förmig mit einem Winkel von 70—80°. Um das Blech in der V-Wurzel durchzuschweissen, wird es mittels eines Hammers mit dünner Panne über den Blechrand hinaus geklopft, der nachher eben gemeisselt wird. Jede aufgeschweisste Schicht ist noch rotwarm zu hämmern. Dicke autogen geschweisste Bleche müssen unbedingt geglüht werden.

E l e k t r i s c h muss in mehreren Arbeitsgängen geschweisst werden. Das allein zulässige Fugenprofil für dickes Blech besitzt X-Form, ein Fugenwinkel von 55—60° genügt. Würde das V-Profil gewählt, so wäre die Folge, dass sich Stabhälften oder Blechenden in unzulässiger Weise verkrümmen. Wir haben dies schon 1923*) nachgewiesen und veranschaulichen neue Aetzproben von elektrisch geschweissten Blechen von 4,2 cm Dicke in Abb. 2—5.

Abb. 2.
V-Profil mit Zentriwinkel 50°

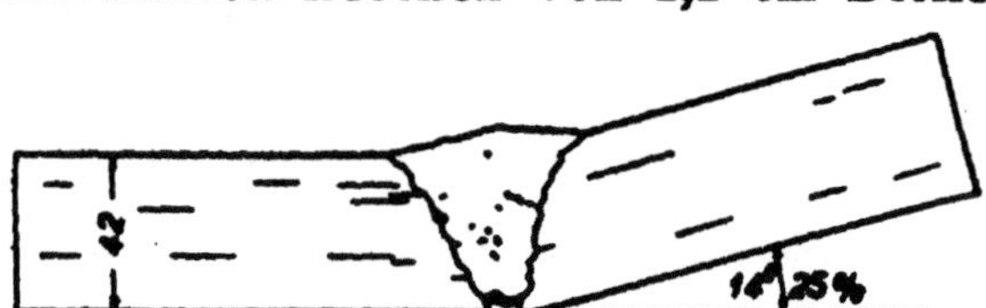

Abb. 3.
V-Profil mit Zentriwinkel 45°

Abb. 2—5.

Abb. 4.
X-Profil, konkave Profilflanken.

Abb. 5.
X-Profil, gradlinige Profilflanken, Winkel 55°.

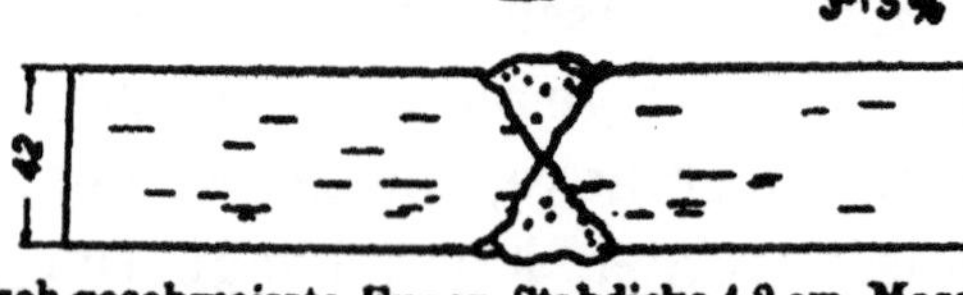

Aetzbilder von Schnitten durch elektrisch geschweisste Fugen, Stabdicke 4,2 cm, Masstab 1/4.

*) Jahresbericht, Anhang, S. 27.

Die Stäbe Abb. 2 und 3 wurden infolge zusammenziehender Wirkung des Schweissgutes in den obern Schichten erheblich verkrümmt, um 14° oder 25 % (Abb. 2) und um 11° = 20 % (Abb. 3). Auch der Stab mit konkaven Profilflanken (Abb. 4) erlitt noch leichte Verkrümmung (um 3° = 5 %). Dagegen blieb der Stab mit engem gradlinigen Nahtprofil und geringer Querschnittfläche in der Naht (Abb. 5), vollkommen unverkrümmt. Die Fugenhälften müssen abwechselnd von der einen und andern Seite her geschweisst werden; die zu schweissende Stelle muss stets möglichst kühl sein. Die Querschnittfläche der X-Fuge erreicht bei gleichem Zentriwinkel die Hälfte desjenigen der V-Fuge; Materialsparnis 50 %.

Eine schweizerische Firma[1]) hat Zerreissversuche mit Stäben, herausgeschnitten aus elektrisch geschweissten Blechen von 5,0 cm Dicke, vorgenommen; das Fugenprofil war X-förmig und geradflankig; Zentriwinkel 60°, ähnlich Abb. 5. Breite jedes Probestabes 4,0 cm. Von 3 Stäben brachen 2 ausserhalb der Schweisstelle. Erreichte Zugfestigkeit

t/cm² 3,64 3,65 3,66.

6. Sicherung geschweisster Nähte durch elektrisch aufgeschweisste Laschen.

Geschweisste Nähte können durch genietete oder geschweisste Laschen gesichert werden; vorerst wollen wir über diese sprechen.

Autogen an die Oberfläche von Blech angeschweisste Laschen besitzen bei weitem nicht das Haftvermögen von elektrisch angeschweissten[2]). Auch Wärmespannungen verbieten öfters das autogene Verfahren.

1. Versuche vom Jahr 1923.

Elektrisch angeschweisste Laschen können parallel oder quer zur Naht verlaufen. Der Wert der Parallellaschen

---

[1]) Aktiengesellschaft der Maschinenfabrik von Theodor Bell & Cie. in Kriens.

[2]) „Versuche über autogen und elektrisch geschweisste Kesselteile" (1921), S. 45.

hinsichtlich ihrer Festigkeit wurde von uns untersucht unter Verwendung von Stäben gemäss Abb. 6*). Obwohl diese Versuche zeigten, dass es sich um eine feste Verbindung handelt, muss man hinsichtlich ihrer Anwendung auf Zylindermäntel doch Folgendes bedenken.

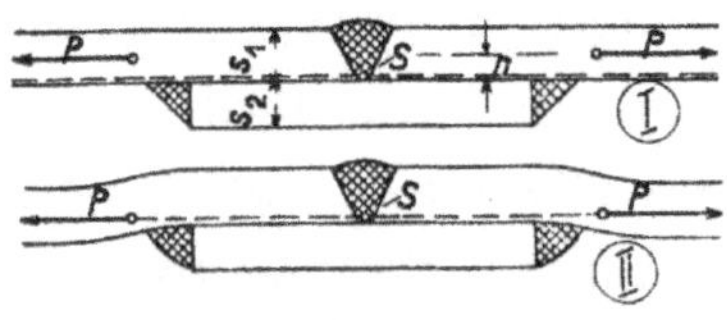

Abb. 6. u. 7. Einseitig angeschweisste Laschen

a) Bei einseitig aufgeschweissten Parallellaschen erleidet die Behälterwand am Laschenrand Biegungsspannungen.

b) Gerade am Laschenrand ist das Blech durch die Schweissnaht in seiner Struktur an der Oberfläche geändert, in der Weise, dass zähes Blechmaterial durch sprödes Schweissgut ersetzt worden ist; die Schmelzwirkung des elektrischen Stroms kann ziemlich tief ins Blech hinein gehen (Abb. 8 und 65). Laufen nun solche Furchen, wie dies bei Parallellaschen unvermeidlich ist, neben einer Längsnaht hin, so ist die Zylinderwand dort geschwächt.

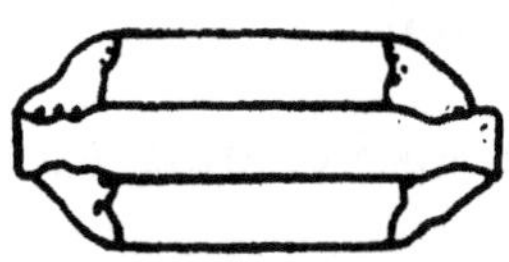

Abb. 8. Schnitt durch elektr. geschweisste Flankennähte (Masstab 1/1)

Zur Vermeidung solch fortlaufender Nähte schlägt der Verfasser vor, Stücklaschen (Abb. 24) quer über Nähte, deren Festigkeit erhöht werden soll, zu schweissen. Solche Laschen haften so stark am Blech, dass sie mitten durchbrechen, bevor sie davon abgerissen werden. Das erhebliche Haftvermögen ist auf die Rauhigkeit der Berührungsfläche von Schweissgut und Blech zurückzuführen; der Strom schmilzt kleine Krater aus dem Blech an der Schweisstelle heraus (Abb. 8 u. 65).

*) „Ueber die Festigkeit elektrisch geschweisster Hohlkörper" (1923), S. 39.

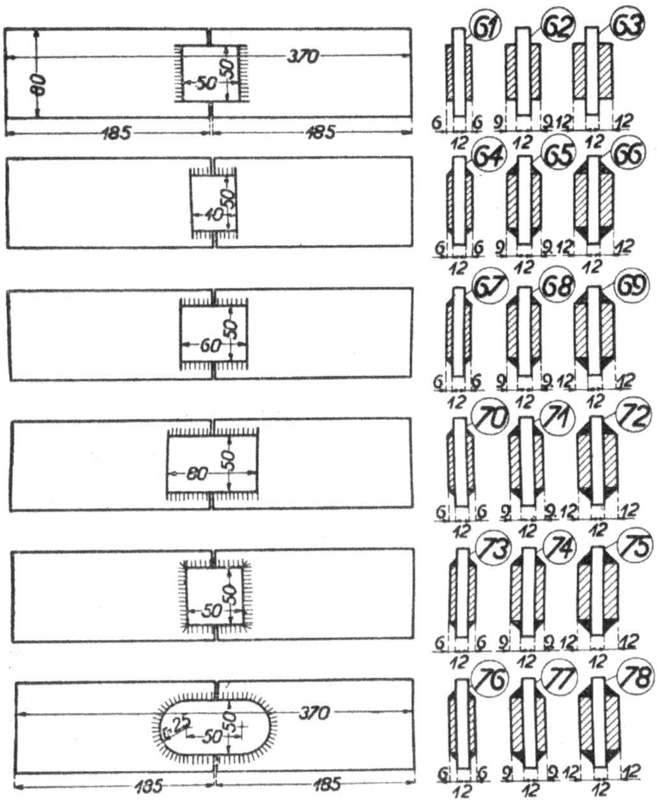

Abb. 9. Beschaffenheit der Probestäbe mit angeschweissten Doppellaschen (Versuche von 1924)

Die Probestäbe, die zur Prüfung des Haftvermögens dienten, sind in Abb. 9 dargestellt.

a) Stirnschweissung.

Bezeichnet δ die Abreissfestigkeit, d. h. die Kraft, die auf je 1 cm² Stirnfläche einer Lasche wirkt, um sie vom Blech abzureissen, so ist

$$\delta = Q : 2F$$

wobei Q die Bruchlast, F die Grösse einer Stirnfläche bedeutet.

Tafel VII. Abreissfestigkeit δ der Stirnnähte der Laschen Stäbe (61) bis (63).

Laschendicke	δ
0,6 cm	2,3 bis 3,3 t/cm²
0,9 cm	2,1 „ 3,1 t/cm²
1,2 cm	1,7 „ 3,3 t/cm²
1,5 cm (unterer Wert extrapoliert)	1,4 „ 2,6 t/cm²

(über die in der Abb. 9 erkennbaren Muster hinaus sind noch 1,7 cm dicke Stäbe mit 1,5 cm dicken Laschen versehen worden).

Die Verminderung der Abreissfestigkeit mit zunehmender Laschendicke (Stirnflächenhöhe) ergibt sich aus Abb. 10.

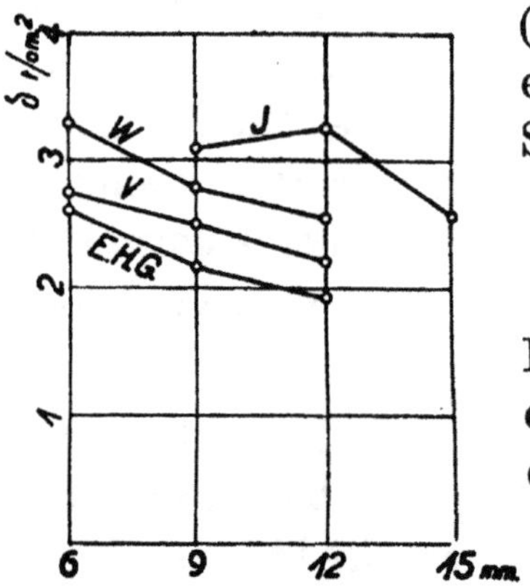

Abb. 10. Abreissfestigkeit δ der Stirnschweissung in Abhängigkeit der Laschendicke.

(Bei den Buchstaben W. V. usw. handelt es sich um verschiedene Probestab-Serien.)

b) Flankenschweissung.

Die Schubfestigkeit auf je 1 cm² Flankenfläche ist $\gamma = Q : 2\,F'$, worin $2\,F'$ der Flächeninhalt der zwei Flanken einer Lasche bedeutet.

Bei der Flankenschweissung hat sich folgende Schubfestigkeit ergeben, festgestellt durch Stäbe (64) bis (72), Abb. 9.

Tafel VIII. Schubfestigkeit γ (t/cm²) bei der Flankenschweissung.

s = Laschendicke	L = Laschenlänge		
	$L = 4{,}0$ cm	$L = 6{,}0$ cm	$L = 8{,}0$ cm
0,6 cm	1,66 bis 2,86	1,66 bis 2,83	1,69 bis > 2,23
0,9 cm	1,59 „ 2,29	1,59 „ 2.22	1,67 „ > 2,18
1,2 cm	1,37 „ 2,24	1,33 „ 2,09	1,33 „ 1,92
1,5 cm*	1,2 „ 1,95	1,2 „ 1,74	1,2 „ 1,72

*) Untere Werte extrapoliert.

Die längsten Laschen, also diejenigen von 8 cm Länge, brachen meistens in der Mitte durch, ohne abgerissen zu werden, (Werte mit Pfeil der Abb. 13.)

In welcher Weise die Schubfestigkeit γ der Flankenschweissung auf 1 cm² Flankenfläche mit zunehmender Flankenhöhe (Blechdicke) abnimmt, zeigen Abb. 11—13.

Dass insbesondere der Flankenschweissung gewisse Zähigkeitseigenschaften innewohnen, kann aus Abb. 14—16 der Darstellung eines Stabes der Serie 71, bei dem die Laschen gebrochen

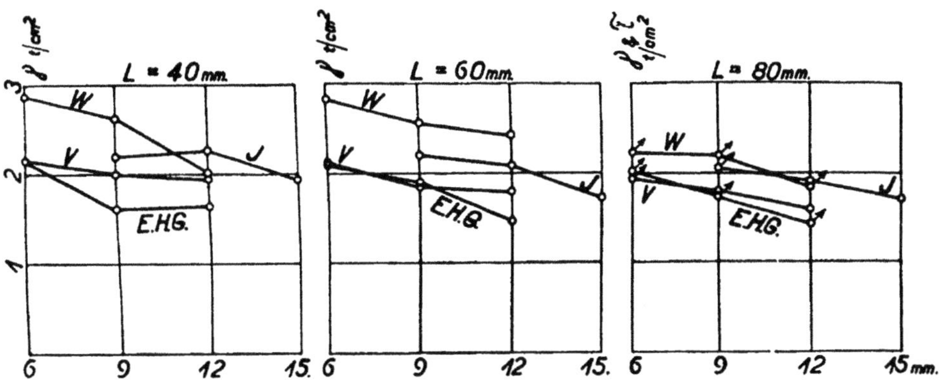

Abb. 11—13. Schubfestigkeit γ und Schubbeanspruchung τ der Flankenschweissung in Abhängigkeit der Laschendicke (für τ gelten die Werte mit Pfeil).

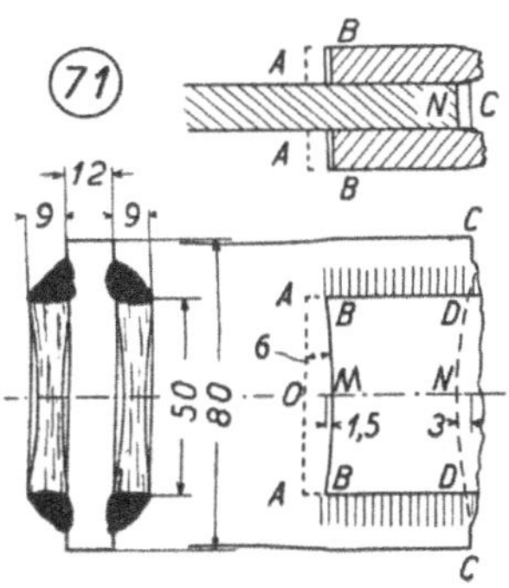

Abb. 14–16. Verformung von Probestäben der Serie 71 (Abb. 9)

sind, geschlossen werden. Während der Belastung verschoben sich die Laschenkanten aus der Lage *AA* nach *BB*. Dabei wurden sie bei *M* um 1,5 mm durchgebogen. Verschiebung und Verformung bei *M* 6 mm.

Die ursprünglich gerade Stabkante *CC* wurde im entgegengesetzten Sinne verstreckt, so dass sie Bogenform *DND* annahm. Verstreckung bei *N* um 3 mm. Die hinsichtlich des Stabes einander gegenüber gelagerten Flankennähte verstärkten Stab und Laschen örtlich dermassen, dass nur Blech- und Laschenteile, die dazwischen liegen, sich verformen können.

c) Ringsum angeschweisste Doppellaschen.

Die ringsum, d. h. an Stirnflächen und Flanken gleichzeitig angeschweissten Laschen Nr. (73)—(78) (Abb. 9) brachen mit wenig Ausnahmen mitten durch und die angeschweissten Hälften blieben an den Stäben haften.

2. Versuche von 1925.

Die Wiederholung der unter 1) beschriebenen Versuche war, im Hinblick auf ihre Bedeutung, erwünscht, diesmal unter Verwendung von dicken Laschen. Zwei Serien Stäbe,

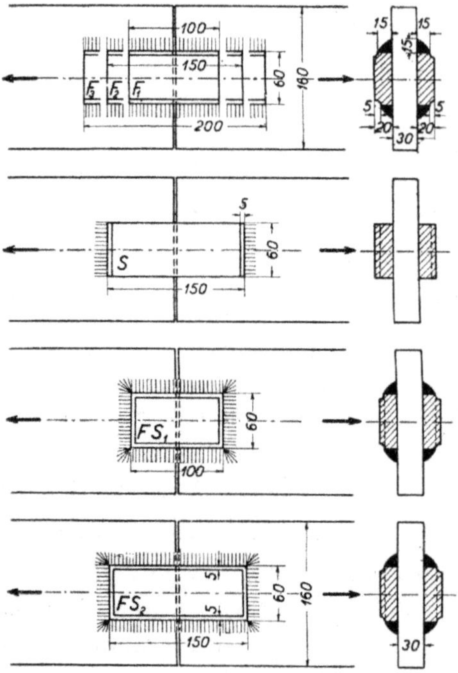

Abb. 17. Beschaffenheit und Abmessungen der Probestäbe mit angeschweissten Doppellaschen (Versuche 1925)

bezeichnet *O* und *E*, standen zur Verfügung. Beschaffenheit und Abmessungen sind aus Abb. 17 erkennbar. Jede Lasche besitzt den Querschnitt 6×2 cm, beide Laschen somit 24 cm² (genauer 23,3 cm²), Schenkellänge jeder Stirn- und Flankennaht 1,5 cm. Länge der Flanken

10 cm für F_1 15 cm für F_2
20 cm für F_3

Die Dicke der Laschen war grösser gewählt (2 cm) als die Höhe der Nähte (1,5 cm) in der Absicht, zu bewirken, dass die Laschen von den Stäben abgerissen werden. Dies sollte dazu führen, die Abreissfestigkeit kennen zu lernen. Die Laschen der Serie O waren unter Verwendung von Quasi-Arc-Elektroden, der Serie E von solchen von La Soudure électrique autogène S.A., Brüssel, geschweisst. Zahlentafel IX enthält die Ergebnisse. Darin bezieht sich die Festigkeit, wie übrigens schon in Tafeln VII und VIII, nicht auf die wirkliche Bruchfläche, die für die am Konstruktionstisch notwendigen Rechnungen nicht greifbar ist, sondern auf die Stirn- bezw. Flankenflächen. Aus der Zahlentafel geht hervor, dass trotz grösserer Dicke der Laschen diese in den meisten Fällen nicht vom Blech abgerissen wurden, sondern mitten durch brachen. — Es sei im weitern auf die Festigkeit von Stirnnähten, die Dichtungsschweissnähte darstellen, in Kap. 10 (Zahlentafel XX) verwiesen.

Im weitern war die Frage zu prüfen, welche elastische und Zähigkeits-Eigenschaften derartigen Laschenverbindungen inne wohnen. Zu diesem Zweck wurden die Stäbe belastet und die dabei sich zeigende Erweiterung der Fuge am Stoss

Zahlentafel IX. Abreissfestigkeit dicker an Stäbe geschweisster Doppellaschen.

Schenkellänge der Naht 1,5 cm.

	Serie O			Serie E		
Abreissfestigkeit δ (t/cm^2) der Stirnnähte bei den Laschen S.						
	Last t	δ t/cm^2	Bruch	Last t	δ t/cm^2	Bruch
S Breite 6 cm	49,8	2,77	Schweissnaht	43,0	2,39	Schweissnaht
Schubfestigkeit γ (t/cm^2) der Flankennähte der Laschen F_1 F_2 F_3						
	Last t	γ t/cm^2	Bruch	Last t	γ t/cm^2	Bruch
F_1 Halbe Länge 5 cm	60,7	2,03	Schweissnaht	57,5	1,91	Schweissnaht
F_2 „ „ 7,5 „	84,5	1,89	„	83,0	>1,84	Lasche (β=3,56 t/cm^2)
F_3 „ „ 10 „	(100)	>1,67	Intakt	91,0	>1,52	„ (β=3,91 „)
Abreissfestigkeit der ringsum geschweissten Laschen FS_1 und FS_2						
	Last t	$\delta+\gamma$ *) t/cm^2	Bruch	Last t	$\delta+\gamma$ *) t/cm^2	Bruch
FS_1 Halbe Länge 5,0 cm	100	2,08	Schweissnaht	88,0	>1,84	Lasche (β=3,78 t/cm^2)
FS_2 „ „ 7,5 „	(89)	?	Kopf	94,0	>1,49	Lasche (β=4,04 t/cm^2)

*) Wenn der Wert $\delta+\gamma$ eingeführt wird, so entspricht dies nur angenäherter Rechnungsweise, da jeder Einzelwert für sich betrachtet werden sollte.

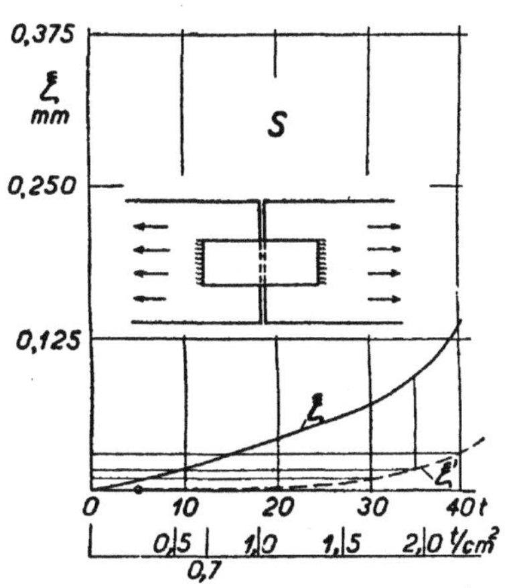

Abb. 18. Gesamte Fugenerweiterung ξ und bleibende ξ' für eine Stabhälfte für Stirnnähte bei Stab S.

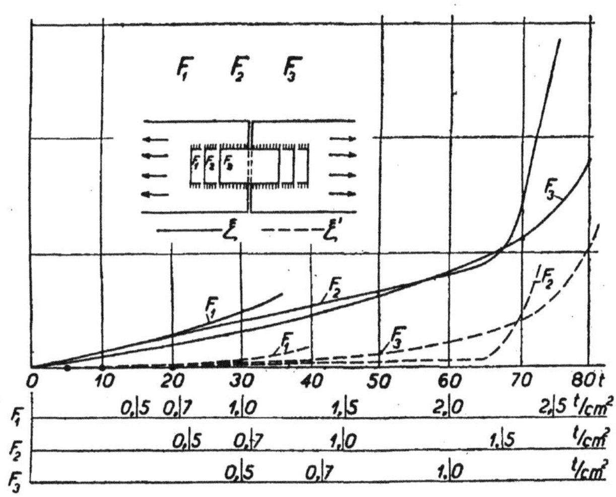

Abb. 19. Gesamte Fugenerweiterung ξ und bleibende ξ' für eine Stabhälfte bei Flankenschweissung Stäbe F_1 F_2 und F_3

beider Stabhälften geprüft. Zur Messung dienten Messuhren von Zeiss. Die gesamte Fugenerweiterung ist mit 2ξ bezeichnet, die bleibende mit $2\xi'$. Auf eine Stabhälfte entfällt somit ξ bzw. ξ'. Die Ergebnisse sind in Abb. 18, 19 und 20 sowie in der Zahlentafel X klargestellt. (Sie beziehen sich auf die Stäbe der Serie O.)

Die Belastung ist nicht nur absolut in t, sondern, für die Stäbe S und F. auch verhältnismässig in t/cm² angegeben, d. h. auf die Belastung von 1 cm² von Stirn- bzw. Flankenfläche bezogen. Die letztgenannten Massstäbe zeigen sich verschoben, was darauf hin zu deuten scheint, dass bei der nämlichen spezifischen Belastung die Dehnung mit der Flankenlänge wächst. Die Tatsache jedoch, dass bei Abb. 19 die Kurven F für gleiche absolute Belastung fast übereinander gelagert sind, ist der Beweis dafür, dass die der Fuge nächstgelegenen Nahtteile sich nahezu gleich dehnen, gleichgültig ob die Flanken kurz oder lang seien. In andern Worten, die weiter von der Stabfuge abstehenden Nahtteile bleiben intakt, auch wenn die Nähte in Fugennähe bereits verstreckt sind. Die Schubspannung nimmt mit zunehmender Nahtlänge, von der Fuge ausgehend, ab. Die Benützung der spezifischen Spannung als Masstab für die Dehnung von Flankennähten ist also nur angenähert richtig, ähnlich wie dies der Fall ist hinsichtlich des m i t t l e r e n Nietquerschnittes für die Beurteilung von Schubspannungen in den Nieten, wenn davon mehrere in einer Verbindung vorhanden sind.

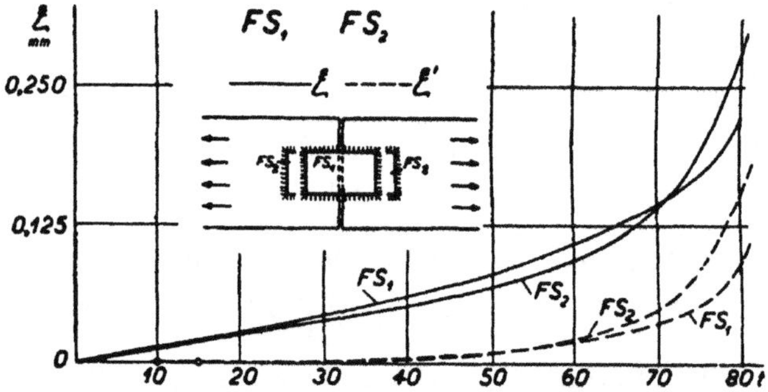

Abb. 20. Gesamte Fugenerweiterung ξ und bleibende ξ' für eine Stabhälfte bei Stäben FS_1 und FS_2, ringsum geschweisst.

Beim Versuch belastete man stufenweise unter nachfolgender Entlastung auf o. Bleibt der Zeiger des Instrumentes zurück, so deutet dies auf bleibende Dehnung hin. In den Abb. 18—20 stellen die obern ausgezogenen Kurven die gesamte Fugenerweiterung (ξ) für eine Stabhälfte dar, die untern gestrichelten die

Zahlentafel X. Gesamte (2ξ) und bleibende ($2\xi'$) Fugenerweiterung bei Stäben S, F_1 F_2 sowie FS_1 der Serie 0.

σ_z ist die Zugbeanspruchung der Laschen, σ_a diejenige ihrer Stirnflächen, τ die mittlere Schubbeanspruchung der Flankennähte auf die Flankenflächen bezogen.

Laschen		S			F_1			F_2			FS_1 [4]	
P t	σ_z t/cm^2	σ_a t/cm^2	2ξ mm	$2\xi'$ mm	τ t/cm^2	2ξ mm	$2\xi'$ mm	τ t/cm^2	2ξ mm	$2\xi'$ mm	2ξ mm	$2\xi'$ mm
5	0,215	0,278	0,019	0	0,166	0,012	0	0,111	0,014	0	0,011	0
10	0,429	0,556	0,038	0,002	0,333	0,036	0,002	0,222	0,032	0	0,027	0
15	0,644	0,833	0,059	0,005	0,500	0,048	0,002	0.333	0,048	0	0,042	0
20	0,859	1,11	0,084	0,009	0,666	0,073	0,005	0,444	0,063	0	0,056	0,002
25	1,07	1,39	0,113	0,014	0,833	0,093	0,009	0,556	0,079	0,001	0,070	0,003
30	1,42	1,67	0,142	0,020	1,00	0,118	0,014	0,667	0,097	0,001	0,087	0,005
40	1,72	2,22	0,276	0,057				0,890	0,131	0,001	0,122	0,010
50	2,15	[1]	[1]	[1]				1,11	0,163	0,002	0,160	0,019
60	2,58				[2]	[2]	[2]	1,33	0,202	0,002	0,211	0,038
70	3,00							1,55	0,345	0,106	0,286	0,073
80	3,43							1,78	3,18	2,46	0,447	0,179
100	4,29							[3]	[3]	[3]	[5]	[5]

[1]) Abreissen der Naht bei 49,8 t, somit $\sigma_a = \delta = 2{,}77$ t/cm^2 (Abreissfestigkeit)

[2]) Abreissen der Naht bei 60,7 t, somit $\tau = \gamma = 2{,}03$ t/cm^2 (Schubfestigkeit)

[3]) Bei 100 t keine Veränderung sichtbar.

[4]) Beim ringsum geschweissten Probestab FS_1 kann die spezifische Beanspruchung nicht vorangestellt werden, weil sie sich aus den Unbekannten σ_a und τ zusammensetzt.

[5]) Bruch der Schweissnaht bei 100 t; in angenäherter Rechnungsweise $\delta + \gamma = 2{,}08$ t/cm^2.

bleibende (ξ'). Die Fuge erweitert sich um die doppelte Strecke, die zwischen beiden Kurven liegt, federnd.

Bei der Erweiterung der Fuge kommen mehrere Summanden zum Ausdruck; die Dehnung der Laschen, die Dehnung der Stirnnähte bei den Stäben S, der Flankennähte bei Stäben F und endlich beider bei Stäben FS. Beim Stab tritt die Dehnung zurück wegen grossen Querschnitts. Die Dehnung kann federnd oder bleibend sein. In dem einfachen Fall des Stabes S (Abb. 19 und Zahlentafel X) lässt sich leicht nachweisen, dass die gesamte Fugenerweiterung grösser ist als gemäss dem

Hook'schen Gesetz die Verlängerung der Laschen; somit dehnen sich die Stirnnähte um den Rest. Unsere Messungen sind aber nicht so einwandfrei, um genaue, zahlenmässige Schlüsse für die Dehnungsverhältnisse der Nähte daraus zu ziehen. Soviel lässt sich jedoch mit Sicherheit erkennen, dass derartige Laschenverbindungen überhaupt elastisch sind, und darauf kommt es zunächst an. Aus dem Verhalten der Flankennähte kann geschlossen werden, dass einer derartigen Verbindung auch Zähigkeitseigenschaften innewohnen. Dafür liefern die Abbildungen und die Zahlentafel X den Beweis.

Wir geben in Abb. 21 noch den Spannungszustand der Laschen des Stabes FS_2 der Serie *E*.

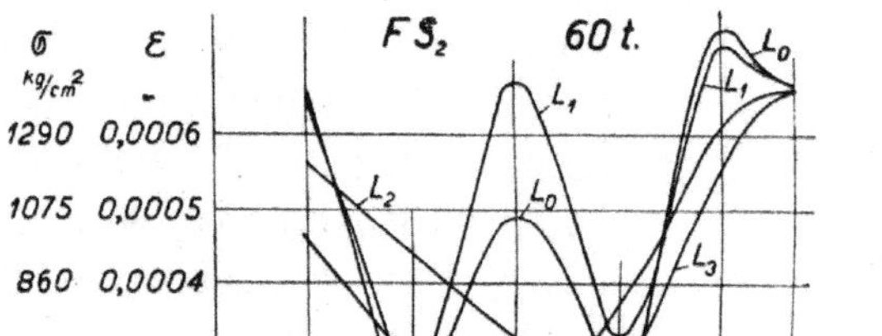

Abb. 21—23. Spannungszustand eines Stabes FS_2 Serie *E* (ringsum geschweisst).

Die Längsspannungen zeigen über Stab und Laschen Wellenform.

Die Spannung in den Stabhälften fällt, wo die Laschen ihren Anfang nehmen, den Stabquerschnitt also verdicken. In den Laschen steigt die Spannung und erreicht den Höhepunkt folgerichtig in der Mitte, über der Fuge. Der Anstieg findet regelmässig statt — dies ist allein schon eine wichtige Feststellung.

3. Sicherung geschweisster Nähte von Hohlkörpern.

Kennt man die Stirn- und Flankenflächen einer Lasche ihrer Grösse nach, so kann die Abreissfestigkeit einer ringsum aufgeschweissten Lasche nach Vorstehendem berechnet werden, unter Berücksichtigung der Laschendicke. Obwohl dünne, ringsum geschweisste Laschen schon bei quadratischer Form mitten durch brechen, sollte, damit Abreissen ausser Frage bleibt, die Form doch länglich gemacht werden, z. B. 10 cm × 5 cm, 12 cm × 6 cm, bis zu 1,2 cm Laschendicke, bei grösserer Laschendicke länger, z. B. 15×6 cm oder 18×7 cm.

Solche Laschenstücke verstärken eine Naht, z. B. die Längsnaht eines Behälters, somit um 100 % des eigenen Laschen-Querschnittes. Für die Laschen wird man zähes Material wählen. Verschiedene Anordnungen sind gemäss Abb. 24*) möglich: Fall a bis zu 0,8—0,9 cm, b für jede Blechdicke, c bis höchstens 2,0 cm.

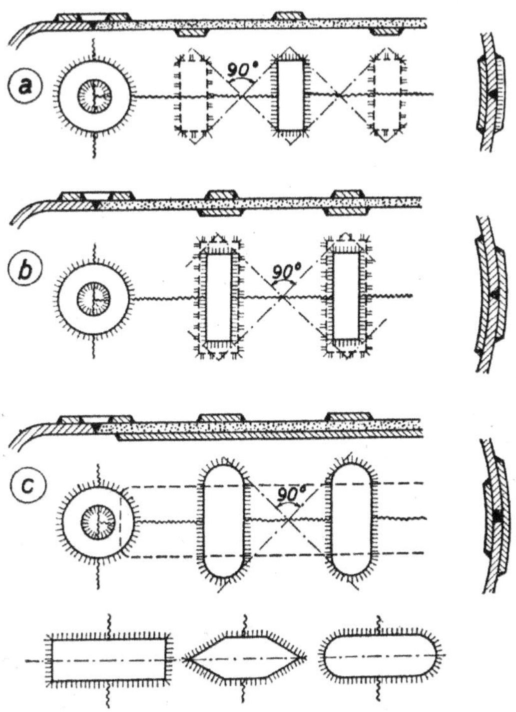

Abb. 24. Anordnung von Stücklaschen zur Sicherung geschweisster Nähte.
Unten: Verschiedene Laschenformen.

Die Laschenstücke dürfen nicht zu weit von einander entfernt liegen. Der Verfasser schlägt vor, sie so anzuordnen, dass ihre äussersten Enden durch Gerade berührt werden, welche sich unter einem rechten Winkel kreuzen, Abb. 24, mit folgender Begründung: Die Laschen vermehren den Blechquerschnitt örtlich. Dort vermindern sich die Zugspannungen (Tangentialspannungen bei einem zylindrischen Behälter). Der Unterschied zwischen den Spannungen im Blech unter einer Lasche und im benachbarten glatten Blech kann bloss durch Schubspannungen ausgeglichen werden. Die Schubspannung erreicht in dem Flächenelement den Höchstwert, das mit den Hauptspannungsebenen den Winkel von 45° einschliesst.

*) Die abgebildeten sind gesetzlich geschützt.

Parallellaschen und Querlaschen können *gleichzeitig* an einer Naht angewandt werden, so wie es Fall c Abb. 24 angibt; eine Parallellasche innenseitig, die Querlaschen aussen. Letztere wirken dem Biegungsmoment, das die Parallellasche mit sich bringt, entgegen. Ausserdem verstärken sie, über die Ränder der Parallellasche hinausgreifend, das Blech, das, wie wir in Abb. 65 sehen, dort in der Struktur geändert bezw. geschwächt ist. — Die Längsnaht muss auch in der Lasche durch Schweissung verbunden sein.

Biegungsmomente treten, wie unsere Messungen ergeben haben, überhaupt fast regelmässig bei geschweissten Längsnähten auf, weil die Blechenden nie genau kreisrund gebogen sind, und weil das Schweissen stets Verkrümmungen wie in Abb. 2—4 dargestellt, mit sich bringt. Es ist daher von Bedeutung, dass man durch die Verwendung von Querlaschen gemäss Abb. 24, a und b, die Mittel in der Hand hat, der Wirkung der Biegung, die den Schweissnähten stets gefährlich ist, entgegenzutreten.

Einer autogen oder elektrisch geschweissten Längsnaht kann ein Festigkeitsverhältnis (z) zugebilligt werden, das zwischen 65 % und 80 % liegt. Aufgeschweisste Querlaschen verstärken die Naht, sodass ihr Festigkeitsverhältnis z höher bewertet werden kann, jedenfalls um soviel höher, als der Laschenquerschnitt bedingt. Macht der letztere z. B. 35 % des Blechlängsschnittes aus, so wächst z der verstärkten Naht auf 100 % bezw. darüber. Druckproben mit Behältern haben ergeben, dass diese im vollen Blech bersten, wenn die Nähte derartig verstärkt werden.*)

Werden Böden an Mäntel angeschweisst, so sollten, sofern bei erstern die Krem-

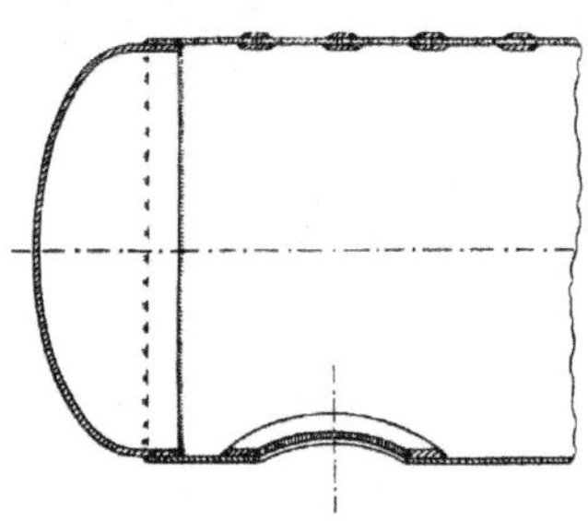

Abb. 25. Dünnwandiger Hohlkörper mit überlappt geschweissten Bodenrundnähten.

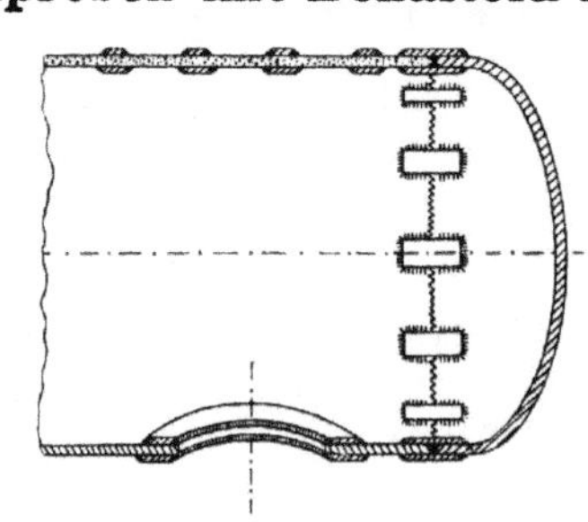

Abb. 26. Nähte von dicken Blechen, durch Laschen gesichert.

*) Druckschrift „Ueber die Festigkeit elektrisch geschweisster Hohlkörper", S. 81 u. f.

pen eng sind, auch die Bodenrundnähte mit Stücklaschen verstärkt werden.

Ist das Mantelblech nicht sehr dick, z. B. bis 1,2 cm, so können die Böden überlappt in die Mäntel eingeschweisst werden, wie Abb. 25 zeigt. Für dicke Wände fällt die Konstruktion Abb. 26 in Frage. Die Mannloch-Ausschnitte sind durch (elektrisch) angeschweisste Bänder verstärkt, zuverlässiger als durch genietete.

Es liegt im Wesen genieteter Verbindungen, dass das Blech durch die Nietlöcher geschwächt wird; eine geschweisste Naht kann jedoch durch Anwendung elektrisch angeschweisster Laschen beliebig verstärkt werden. Die Massenanhäufung ist geringer als bei genieteten Laschen, was bei Temperaturunterschieden zweckmässig ist.

Von den Hohlkörpern in beträchtlicher Zahl, bei denen diese Vorschläge berücksichtigt wurden, sei ein mittels elektrischen Stromes geheizter, bei der Herstellung ganz elektrisch geschweisster Dampfkessel bezw. Speicher in der Zeichnung bekanntgegeben,

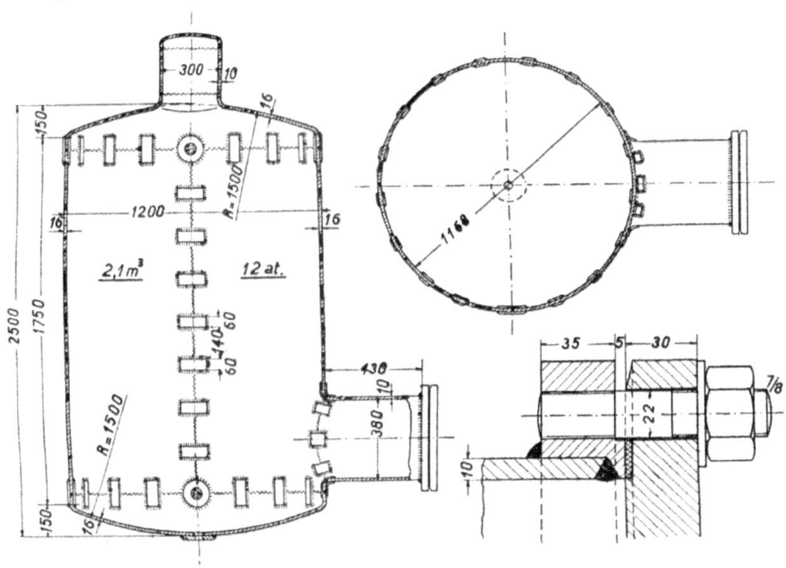

Abb. 27—29. Elektrisch geschweisster Dampfkessel (Speicher). Die Nähte sind durch Stücklaschen gesichert. Verfertiger: Wartmann, Vallette & Cie., Brugg (Schweiz).

siehe Abb. 27—29. Inhalt 2,1 m³, Betriebsdruck 12 at. Nicht nur die Längsnaht sondern auch die Rundnähte sind durch angeschweisste Stücklaschen gesichert, die letztgenannten wegen ziemlicher Blechdicke.

4. Folgerungen. Die Versuche des Jahres 1925 mit schweren an Blech angeschweissten Laschenstücken bestätigen die Ergebnisse von 1923 mit Bezug auf leichte, dass solche Laschen, wenn man sie ringsum anschweisst, mitten durchbrechen, bevor sie vom Blech abgerissen werden. Sind die Laschenstücke bloss an den Stirnseiten angeschweisst, so reissen sie ab. Soll Abreissen nicht erfolgen, so bedarf es noch der Flankennähte. Durch diese erhält die Verbindung zudem Zähigkeitseigenschaften.

Nähte geschweisster Hohlkörper können durch angeschweisste Laschenstücke beliebig verstärkt werden. Der Verstärkung entsprechend wächst die Sicherheit gegen das Bersten der Nähte. Für die Rechnung darf das Festigkeitsverhältnis von Naht zu Blech höher als bei nicht gesicherten Nähten genommen werden. Je nach der Dichte der Besetzung mit Laschen und der Art des Hohlkörpers (Dampfkessel oder Druckbehälter) schätzt der Verfasser das zu berücksichtigende Festigkeitsverhältnis 80 bis 100%.

V. Genietete Trommeln. Untersuchung genieteter Stäbe.

7. Technologisches.

1. Das Nieten.

Vorgekommene Schäden, z. T. schwerster Art, an maschinengenieteten Nähten von Kesseln, veranlassten Bach 1912 zu Untersuchungen.*) Er folgerte:

1. Die Versuche zeigten, dass bei der Anwendung zu hoher Kräfte in den Nietmaschinen die Bleche in der Nähe der Nietlöcher über die Streckgrenze beansprucht werden.

2. Bei satt aufeinander liegenden Blechen ist die von den Nietmaschinen geäusserte Schliesskraft ohne Einfluss auf die Kraft, mit welcher die erkalteten Nieten die Bleche zusammen-

*) Z. V. d. I. 1912, S. 1890.

pressen, indem sich die Zusammenziehung des Nietschaftes allein schon zur Erzielung einer grossen Beanspruchung im Nietschaft und damit zur Hervorbringung genügenden Gleitwiderstandes der Nietverbindung, als ausreichend erweist.

Für die Bildung von gut ausgebildeten Köpfen und für genügendes Zusammenziehen zum Klaffen neigender Bleche haben sich Vernietungsdrücke an der Nietmaschine von 6500--8000 kg auf 1 cm² Nietquerschnitt (Proben mit Nieten $d = 2{,}8$ cm) als ausreichend erwiesen.

(Der Berichterstatter hat bei drei grössern schweizerischen Dampfkesselfabriken über die Anwendbarkeit dieses Druckes angefragt und zur Antwort erhalten, dass er als zu gering befunden werde, z. B. wendet man in einem Werk den Schliessdruck

für 20—25 mm Nieten . . .	9500 kg/cm²
„ 33 „ „ . . .	9000 „

an, ein anderes

für kleinere Nieten . .	9000—9500 „
„ grössere „	9000 „

auch das dritte erachtet den oben angegebenen Schliessdruck für ungenügend. Untere Grenze sei 8000 kg/cm². Für grosse Nieten nimmt man allgemein kleinere Drücke als für kleine weil dicke Nietschäfte länger warm bleiben.)

3. Wird die Schliesskraft grösser genommen, als gemäss Ziffer 1 erforderlich, so werden die Bleche über die Streckgrenze beansprucht. Eine festere Nietverbindung wird nicht erzielt, im Gegenteil, die Nietkraft nimmt ab und die Blechenden klaffen auseinander, wie in Abb. 30 gezeigt. Später ist nachdrückliches Verstemmen notwendig.

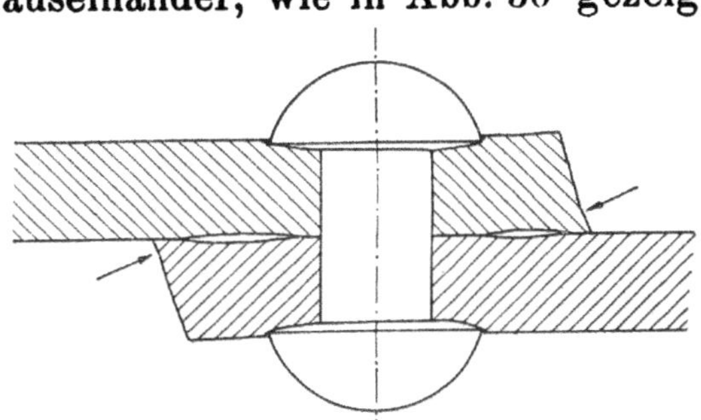

Abb. 30. Querschnitt durch eine Nietnaht, bei der der Stempeldruck zu gross wär.

Da noch Wärmewirkungen hinzukommen, darf es nicht wundernehmen, wenn in solchen Blechen an der Nietnaht Risse entstehen. Diese pflegen von den Berührungsflächen der vernieteten Bleche auszugehen.

4. Die Länge der Zeit, während welcher der Schliessdruck aufrecht erhalten wird, macht sich nur dann geltend, wenn die Bleche das Bestreben haben, auseinanderzufedern. (Im letztern Falle hält Bach eine Schliesszeit von 1 min. als ausreichend bei nicht gekühltem Stempel).

5. Kurze Nieten ergeben geringere Nietkräfte als lange. Von einer Länge von etwa $l = 3\,d$ ab war eine weitere Steigerung der Nietkraft nicht mehr festzustellen. Die grösste erzielte Spannung kommt der unteren Streckgrenze des Materials nahe.

6. Werden lange Nieten nur teilweise angewärmt, so entsteht die Gefahr, dass Setzköpfe abspringen. Durch Ausrunden der Ecke, Brechen der Kante des Nietloches muss diesem Uebelstand entgegengewirkt werden.

2. Die Beanspruchung der Bleche beim Nieten.

Die Vergewaltigung des Bleches beim Anrichten durch unzweckmässige Verwendung des Blechhalters ist unstatthaft.

Die Beanspruchung der Blechränder von zwei zusammengenieteten Blechen auf der Strecke zwischen Nietloch und Aussenrand verhält sich nach Prof. Baumann[1]) so wie in Abb. 31 und 32 dargestellt. Sie ist in den Berührungsflächen der beiden Bleche gegen das Nietloch hin am grössten. Diese Erkenntnis trägt zur Aufklärung einer Frage, die früher dunkel war, bei: Die Rissbildung in den Berührungsflächen zusammengenieteter Bleche von Kesseln. Solche Flächen sind der Besichtigung nicht zugänglich, umso gefährlicher der Zustand.

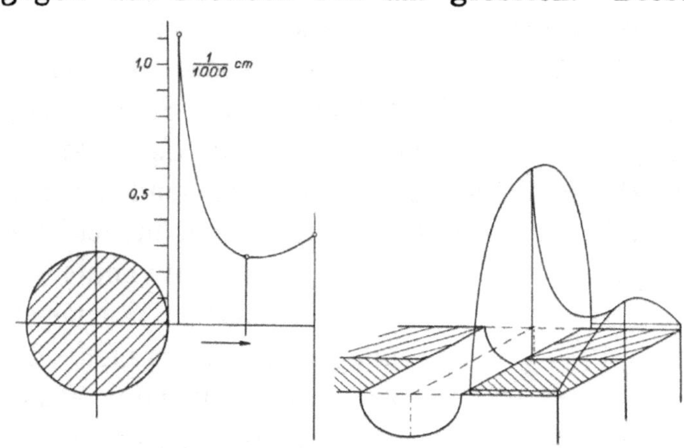

Abb. 31 und Abb. 32. Deformation des Blechrandes bei einem Nietloch (Bleinietung). Die in die Pfeilrichtung fallenden Verlängerungen sind als Ordinaten aufgetragen.

[1]) Forschungsarbeit Nr. 252 des Ver. d. Ing., 1922.

Die Wärmewirkung der glühenden Nieten erhöht die durch den Nietstempel erhöhte Spannung im Blech. Daher werden die Bleche schon bei mässiger Niettemperatur und geringem Stempeldruck über die Streckgrenze hinaus beansprucht. Der Rand eines Nietloches erreicht nach dem Einziehen einer Niete eine Temperatur von 500° und mehr (Durchmesser des Nietloches bei diesem Versuch 2,9 cm), also Gelb- oder Blauwärme. Diese Temperatur ist für Blech, das bearbeitet wird, bekanntlich sehr gefährlich. Baumann zeigt, dass es Flusseisen gibt, welches, gequetscht und später erwärmt bis sich gelbe Anlauffarben einstellen, nach dem Erkalten grosse Sprödigkeit besitzt.

Die allmähliche Veränderung der Festigkeitseigenschaften kaltgereckten Materials bezeichnet O. Bauer[1]) mit „Altern". Durch das Altern leidet die Kerbzähigkeit. Die Voraussetzung hiefür ist die Beanspruchung über die Streckgrenze hinaus. Wird solches Material gelagert, so nimmt seine Zähigkeit mit der Zeit ab, was Goerens bestätigt. Goerens[2]) spricht von Rekristallisationsvorgängen, die bei solch kaltgerecktem Blech, das über 250° erwärmt wird, in die Erscheinung treten[3]).

---

[1]) Mitt. Mat. Pr. Anst. 1921. S. 251.

[2]) Z. V. d. I. 1924, S. 41.

[3]) Nach Baumann (Z. des bayr. Rev. Ver. 1924, S. 69) ist die Bezeichnung „Altern" unrichtig. „Das, was als Altern bezeichnet wird, hat Ueberanstrengung zur Voraussetzung; es handelt sich ganz einfach um den Einfluss der Zeit (oder Temperatur und Zeit) auf die Eigenschaften überanstrengten oder sonst mit innern Spannungen behafteten Flusseisens. Ausglühen beseitigt die Folgen dieser Ueberanstrengung, ohne das Material jünger zu machen; schon das zeigt das Unzweckmässige der Bezeichnung Altern für Flusseisen."

Ueber „Rekristallisation" führt Baumann aus:

„Hier liegt ein häufig falsch verstandenes und überflüssiges Fremdwort vor. Weiches Flusseisen, das überanstrengt war, wird bei Erwärmung auf gewisse verhältnismässig niedere Glühtemperaturen (z. B. etwa 700° C.) grobkörnig, seine Kristalle wachsen stark. Voraussetzung ist auch hier wieder die vorherige Ueberanstrengung; wesentlich, dass das bedeutende Kristallwachstum ohne zu hohe Erwärmung (Ueberhitzung) eintritt."

3. Die Schuch-Nietung.[1])

Handelsnieten besitzen stets angestauchte Köpfe, die Setzköpfe. Stifte, d. h. Schäfte ohne Kopf werden nur in sehr seltenen Fällen zum Nieten verwendet. Nach Vorschlag Jöllenbeck-Schuch werden die angestauchten Köpfe konisch gemacht; beim Nieten fällt der Zunder dann, bei horizontaler Lage des Nietschaftes, leicht von Kopf und Schaft ab. Der ins Nietloch eingestauchte konische Kopf füllt dasselbe gut aus und liegt satt am Blech an. Wegen Fehlens von Zunder und gutem Schluss wird erreicht, dass solche Nieten wenig oder gar nicht gestemmt werden müssen.

4. Kontrollgeräte.

Die Verwendung von Druckmessern und Zeitmessern bezw. die selbsttätige Aufzeichnung des Schliessdruckes sowie der dabei gebrauchten Zeit beim Nieten mittels Nietmaschinen ist unumgänglich bei Benützung einer Nietmaschine.

5. Spiel zwischen Nietloch und Nietschaft.

Das satte Anliegen der Nietschäfte an die Lochwand ist für die Festigkeit der Nietverbindung von grösster Wichtigkeit. Die Methode, die Lochweite allgemein 1 mm grösser zu nehmen als den Nietschaftdurchmesser, muss aufgegeben werden. Die Löcher dürfen bloss — was stets mit der Reibahle bewerkstelligt werden sollte — soviel ausgeweitet werden, dass der warme Nietschaft mit dem Hammer eben noch eingeführt werden kann. Die warmen Nieten sind von Schlacken sehr sorgfältig zu reinigen.

Eine schweizerische Maschinenfabrik gibt folgendes Spiel zwischen Nietloch und kaltem Nietschaft:

18—20 mm	Rohnieten	18,3—20,4 mm	Lochdurchmesser
22—26 mm	„	22,5—26,7 mm	„
28—32 mm	„	28,8—33,0 mm	„

6. Das Rollen der Bleche.

Ist das Blech, aus dem ein Zylindermantel gerollt werden soll, nicht sehr dick, so geschieht das Rollen (Aufbiegen zur Zylinderform) kalt. Bei dicken Blechen würden jedoch die

[1]) Z. V. D. I. 1919, S. 555.

Wirkungen des Kaltrollens und Kaltrichtens die Zähigkeit des Materials beeinträchtigen; das Rollen ist in solchen Fällen in rotwarmem Zustand vorzunehmen. Die Arbeit des Anrichtens ist möglichst einzuschränken. Stückweises Vorbiegen der Blechkannten kann leicht zu Schädigungen des Materials führen.[1])

8. Versuche von Bach.

Ungefähr 400 genietete Probestäbe wurden auf Gleitwiderstand untersucht.[2]) Bach sieht die eigentliche Lebensbedingung einer Nietverbindung in genügender Höhe ihres Gleitwiderstandes.

1. Für sachgemäss ausgeführte einreihige Ueberlappungsnieten wird ein Gleitwiderstand von 1000 bis 1800 kg bezogen auf 1 cm² des Querschnittes der Niete festgestellt. Folgende Einflüsse sind mitbestimmend:

a) Ein langer Schaft presst die Bleche fester zusammen als ein kurzer.

b) Die Höhe der Stauchtemperatur der Nieten beeinflusst den Gleitwiderstand bei verschiedener Schaftlänge verschieden.

c) Die Zeitdauer des Schlagens (Pressens) eines Nietkopfes, d. h. ob damit aufgehört wird, wenn der Kopf noch hell-, oder wenn er dunkelrot ist. Von Bedeutung ist diese Zeitdauer namentlich bei der Maschinennietung, was aus Tafel XI hervorgeht (bei den Versuchsreihen 46 und 47 war der Nietstempel ausreichend lang dem zu bildenden Nietkopf aufgesetzt).

d) Der Umstand, ob Blech und Nieten verstemmt oder unverstemmt sind (was sich namentlich aus den Versuchen der Jahre 1894 und 1895 der Tafel erkennen lässt).

2) Aus der Tafel geht hervor, dass bei mehrreihig überlappter Vernietung der Gleitwiderstand geringer als bei einreihiger ist. Der Grund hiefür ist nach Bach vorzugsweise in dem Umstand zu suchen, dass bei mehrreihigen

---

[1]) Für Blechbehandlung sind die „Richtlinien für die Bauüberwachung" der deutschen Vereinigung der Grosskesselbesitzer massgebend.

[2]) Z. V. D. I. 1892. 1894 und 1895. Andere Versuche stammen von Rudeloff 1911 und 1921. Siehe auch Z. V. D. I. 1907, S. 1019. Wir müssen uns bei solchen Angaben eine gewisse Beschränkung auferlegen.

Tafel XI. Gleitwiderstand von Nietverbindungen nach Bach.

Jahr	Versuchs-reihe	Blech-dicke	Nietdicke	Gleitwider-stand auf 1 cm² Niet-querschn.	Nietung	Bemerkungen
Einreihig überlappte Vernietung (Nieten einschnittig)						
		cm	cm	kg/cm²		
1892	1	1,3	1,9	1199	Handnietung	unverstemmt
"	2	1,3	1,9	1115	"	"
"	3	1,3	1,9	1021	"	"
"	8	1,25	1,9	1185	"	"
"	20	1,2	2,0	563	Maschine	"
1894	40—45	1,2—1,8	1,6—2,5	393	"	"
"	46	1,2	2,0	1407	"	"
"	47	1,85	2,55	1206	"	"
"	46	1.2	2 0	1858	"	verstemmt
"	47	1,85	2,55	1272	"	"
1895	48	1,2	1,95	881	Handnietung	Bleche und Nietköpfe unverst.
"	49	1,2	1,95	1238	"	Bleche beidseitig verstemmt Nietk. unverstemmt.
"	50	1.2	1,95	1327	"	Bleche und Nietköpfe nur auf einer Seite verstemmt.
"	51	1,2	1,95	1572	"	Bleche beidseitig, Nietköpfe nur auf einer Seite verstemmt.
"	52	1,2	1,95	1617	"	Bleche und Nietköpfe auf beiden Seiten verstemmt.

Jahr	Versuchs-reihe	Blech-dicke	Nietdicke	Gleitwider-stand	Nietung	Bemerkungen	Nietbild
Zweireihig überlappte Vernietung (Nieten einschnittig)							
1892	13	1,2	1,9	640	Handnietung	unverstemmt	Zickzack
1892	14	1,2	1,9	616	"	"	Reihen
Dreireihig überlappte Vernietung							
1892	15	1,2	1,9	766	Handnietung	unverstemmt	Zickzack

Um nicht zu viele Zahlen anzuführen, enthält die Tafel nicht alle Versuchsreihen.

Vernietungen infolge der Elastizität der Bleche (Stäbe) eine gleichmässige Uebertragung der Kraft an den durch die Nähte bestimmten (im Sinne der Kraftrichtung) hintereinander liegenden Verbindungsstellen nicht möglich ist. Es erscheint daher zweckmässig, mehrreihige Vernietungen weniger stark zu belasten als einreihige. Die von der einzelnen Niete zu übertragende Kraft einer Verbindung kann nicht durch den Quotienten: Gesamtbelastung geteilt durch Nietenzahl, berechnet werden, denn sie wechselt in jeder Reihe.

3) Die einreihige Doppellaschennietung, bei der jede Niete zwei Schnitte besitzt, in Vergleich gestellt mit der einreihigen Ueberlappungsverbindung ergibt, einen geringern Gleitwiderstand (auf 1 cm^2 jedes Nietschnittes bezogen).

Tafel XII. Gleitwiderstand bei der einreihigen Doppellaschennietung.

Jahr	Versuchs-reihe	Blech-dicke	Niet-dicke	Gleitwiderstand auf 1 cm^2 Nietquerschnitt jedes Schnittes	Nietung	Bemerkungen
		cm	cm	kg/cm^2		
1892	16	1,9	1,3-1,4	906	Hand	unverstemmt
"	21	2,0	1,3	1146	Maschine	unverst., zu hoher Vernietungsdruck
"	36	2,2	1,3	906	Hand	unverstemmt

Die Abnahme des Gleitwiderstandes ist einerseits darin begründet, dass bei der Ueberlappungsnietung Klemmungen eintreten, die auf vermehrte Reibung hinwirken. Beim Vorhandensein von Doppellaschen fehlt das auf Klemmung wirkende Kräftepaar. Anderseits sind die zwischen den Laschen aneinander stossenden Blech- bezw. Stabenden selten genau gleich dick; daher früheres Gleiten beim dünnen Stabende.

4) Bei mehrreihiger Doppellaschennietung ist der Gleitwiderstand geringer als bei einreihiger, die Gründe sind die gleichen wie bei der überlappten Vernietung.

Die Hamburger Normen 1905 schreiben vor, dass gegen Gleiten der erforderliche Widerstand vorhanden sein muss. Die Beanspruchung eines Nietschnittes darf höchstens 700 kg/cm^2 betragen.

Diesen Ergebnissen sei eine Beobachtung bei einem Versuch des Schweizerischen Vereins von Dampfkessel-Besitzern an einem genieteten Schiffskessel, der durch Wasserdruck hätte gesprengt werden sollen, beigefügt. Blechstärke 1,6 cm, Nietlochdurchmesser 2,5 cm. zweireihige überlappte Nietung, Nietteilung 9,06 cm, Zickzacknietung. Klaffen der überlappten Längsnaht des Kesselmantels trat bei 1260 kg/cm^2 des Nietquerschnittes ein.*)

*) Jahresbericht 1913 des Schweiz. Vereins v. Dampfkessel-Besitzern, S. 65 und ff.

9. Versuche des Verfassers (1925) mit verhältnismässig dünnen genieteten Stäben.

Diese Versuche wurden auf Stäbe mit genieteten Doppellaschen beschränkt. Die Stäbe wurden im Doppel geliefert. Die Laschen des zweiten Stabes jedes Paares haben Schlitze; diese dienen zum Durchstecken der Dehnungsmesser, um die Dehnung des Bleches unter den Laschen festzustellen. Am gleichen Stab war, aus Gründen der Symmetrie, die obere und untere Lasche entweder voll oder geschlitzt. Bei den Stäben I, III, V wurde die Dehnung der Laschen gemessen, bei II, IV, VI durch die Laschen hindurch diejenige des Blechs. Es standen Instrumente von Okhuizen und Huggenberger zur Verfügung. Die letzten sind empfindlicher als die ersten.

1. Stäbe Ia und IIa. Drei Nieten in einer Reihe, Nieten und Laschen unverstemmt.

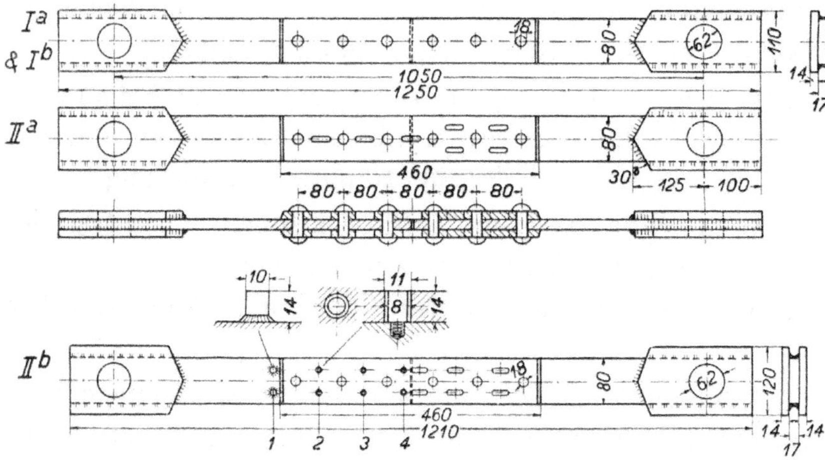

Abb. 33—36. Beschaffenheit der Probestäbe I und II. Drei Nieten in einer Reihe.

Die Probestäbe sind in Abb. 33—36 und hinsichtlich des Mittelstücks in spätern Abbildungen dargestellt. Daraus gehen auch die Abmessungen hervor. Ueber die Querschnitte klärt Tafel XIII auf. Die Spannungen entsprechen einer Belastung von 20 t.

Zahlentafel XIII. Verhältnisse bei Probestäben I und II.

(Belastung 20 t)	F, cm²	σ, kg/cm²	ε theor
Stab im Vollen	14,0	1429	0,000 664 $= \varepsilon_{B\,theor}$
Stab durch Nietloch geschwächt	11,9	1676	0,000 780
Laschen im Vollen	23,2	863	0,000 402 $= \varepsilon_{L\,theor}$
Laschen durch Nietloch geschwächt	19,8	1011	0,000 470
3 Nieten, 6 Schnitte	15,2	1312	—

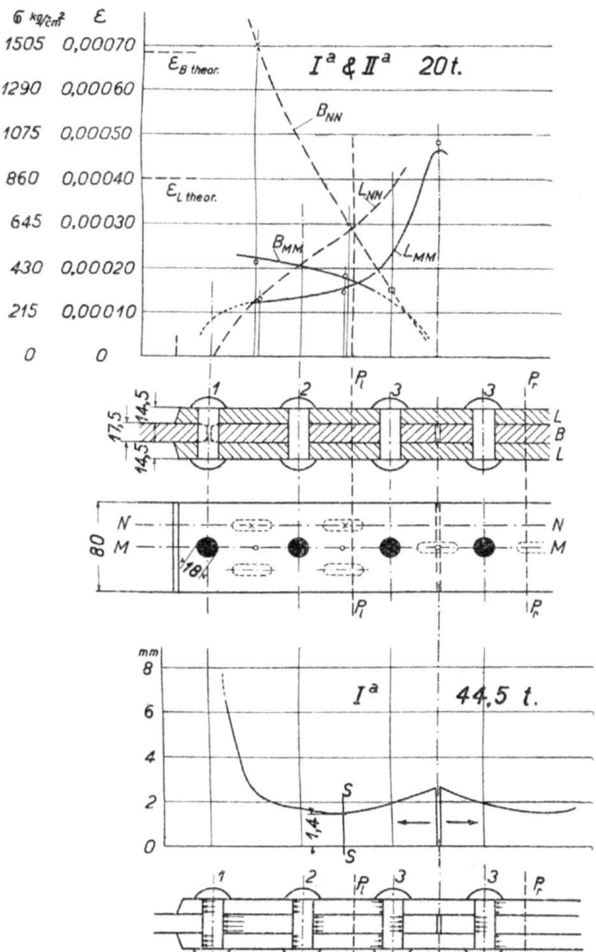

Abb. 37-41. Stäbe Ia und IIa. Abb. 37. Dehnungsverlauf (Spannungszustand) der genieteten Stäbe Ia und IIa. Abb. 40: Bleibende örtliche Verschiebungen von Blech gegen Laschen bei der Bruchbelastung 44,5 t. Abb. 41. Schema der von den Nieten aufgenommenen und übertragenen Kräfte.

Das im Kesselbau übliche Verhältnis von $\sigma_z : \sigma_s = 900 : 700$ entspricht — umgekehrt — fast genau demjenigen von Stabquerschnitt zu Nietquerschnitt

11,9 : 15,2.

Die Beanspruchung liegt für jeden Querschnitt bei der Last von 20 t noch unter der Elastizitätsgrenze, dagegen haben kleinere bleibende rel. Verschiebungen, d. h. solche zwischen Stab und Laschen stattgefunden, wobei die Nieten zum Anliegen an die Lochwände gekommen sind.

a) Spannungszustand. Wir zeichnen in Abbild. 37 die Ergebnisse der Messung auf, ε_B die spezifische Dehnung im Blech, ε_L für eine Lasche.

Es sei zunächst daran erinnert, dass ε die spezifische Dehnung ist. Bei der Messung wird $\triangle l$, die Verlängerung der Meßstrecke (Zeigerausschlag am Instrument) in 1/1000 mm ermittelt, und da die Meßstrecke = Schneidenabstand des Instrumentes = 20 mm, so ist $\triangle l$ durch 20000 zu teilen, um zu erhalten

$$\varepsilon = \Delta l : l \tag{1}$$

Wir benützen zur Bestimmung von σ die bekannte Beziehung

$$\sigma = \varepsilon E \tag{2}$$

worin E der Elastizitätsmodul = 2150000. Die Spannungen können also mit geändertem Maßstab an der Achse der Dehnungen abgelesen werden.

In den Stäben I a und II a wurde in den Ebenen NN und MM gemessen, diese ist die Längsmittelebene, jene halbiert den Abstand des Randes von der Längsmittelebene. Die spezifische Dehnung im Blech (ε_B) ist durch die zwei Kurven B_{MM} und B_{NN} vertreten, die abgekürzt so bezeichnet seien; diejenige in den Laschen (ε_L) durch die Kurven L_{MM} und L_{NN}. Für die Messebene MM sind die Kurven ausgezogen, für NN gestrichelt gezeichnet. Die Dehnungen (Spannungen) verlaufen ungleich in den Messebenen MM und NN, sie müssen also örtlich verschieden sein. Man bemerkt, dass für die Laschen die Spannung vom Rand bis zur Mitte steigt und hier den Höchstwert erreicht, dass ferner für das Blech (Stab) die Spannung vom gleichen Punkt an fällt und am Stabrand, d. h. bei der Fuge, den Mindestwert besitzt (Randspannung). Sprünge, die man vielleicht in der Nähe der durch Nietlöcher geschwächten Stellen erwartet hätte, konnten wir nicht feststellen (umfangreichere Messungen, d. h. solche bei einem dichteren Netz von Messlinien würden diese Frage noch besser aufklären). Die für den vollen Querschnitt von Stab und Laschen berechneten spezifischen Dehnungen sind unter der Bezeichnung $\varepsilon_{\text{theor.}}$ (Werte in Tafel XIII) in der Abb. 37 aufgetragen; sie schneiden die Kurven. Durch Rechnung lässt sich nachweisen, dass die gestrichelt gezeichneten Kurven annähernd den mittleren Spannungsverlauf angeben.

b) Relative Verschiebungen. Die Kurven B ($=\varepsilon_B$, für das Blech) schneiden diejenigen L bezw. ε_L (Laschen) zwischen der zweiten und dritten Niete, dort ist $B = L$, bezw. $\varepsilon_B = \varepsilon_L$, Blech und Laschen dehnen sich dort gleich viel. Denken wir uns durch diesen Ort gleicher Dehnung eine Querebene PP gelegt, so erkennen wir, dass links davon die spezifische Dehnung beim Blech grösser ist als bei den Laschen, rechts davon bei den Laschen grösser ist als beim Blech. Da sich Blech und Laschen verschieden dehnen, so müssen sich, sobald der Probestab belastet wird, gleichliegende Punkte der Berührungsflächen ungleich, somit relativ verschieben, ausgenommen solche, die gleichzeitig der Ebene PP angehören. Diese rel. Verschiebungen erfolgen daher auf Grund des Hookschen Spannungsgesetzes. Sie seien als innere rel. Verschiebungen bezeichnet. Man kann sie wie folgt berechnen.

Hätte man es mit einem glatten prismatischen Probestab zu tun, so wäre gemäss Gleichung 1) die Verlängerung

$$\Delta l = \varepsilon l$$

wobei l die Messlänge bedeutet, die wegen Stablänge oder Markenabstand veränderlich sein kann, ε jedoch (gemäss Gleichung 2) mit unveränderlicher Belastung konstant bleibt. Bei genieteten Stäben dagegen ist nicht nur die Messlänge l veränderlich und abhängig von der Breite der Nietnaht, sondern trotz konstanter Belastung auch die spezifische Dehnung ε, wie sich aus dem Steigen und Fallen der Kurven B und L, d. h. ε_B und ε_L, in Abb. 37 erkennen lässt. Für die Berechnung der Verlängerung Δl ist somit der Mittelwert von ε massgebend (d. h. die Mittelwerte der Kurven B und L), dieser ist identisch mit der mittleren Höhe des Flächenstückes, das zwischen den Kurven B bezw. L und der Abszissenachse liegt, und seitlich durch Ordinaten im Abstand der Messlänge begrenzt wird. Als Messlänge wählen wir beispielsweise den Abstand des Laschenrandes von der Ebene PP. Somit besteht, wenn die mittlere Höhe der Kurven B mit ε_{Bm}, der Kurven L mit ε_{Lm} bezeichnet wird,

für Blech, Messlänge l Verlängerung $\Delta l_B = \varepsilon_{Bm} l$

Laschen, gleiche Messlänge l „ $\Delta l_L = \varepsilon_{Lm} l$

Der letztere Ausdruck gilt für eine sowie für zwei der vorhandenen Laschen, hinsichtlich der Verlängerung besteht nämlich kein Unterschied. Dagegen ist der Unterschied in der Verlängerung von Blech und Laschen

$$\Delta l_B - \Delta l_L = l\,(\varepsilon_{Bm} - \varepsilon_{Lm})$$

er ist positiv und stellt die Grösse der relativen Verschiebung des Laschenrandes dar. Diese wächst:

a) mit l, dem Randabstand von PP, also mittelbar mit der Breite der Laschen.

b) mit dem Klammerausdruck, und dieser ist von den Querschnitten abhängig. Je grösser der Unterschied in der Dicke beider Laschen hinsichtlich derjenigen des Bleches, desto grösser die relative Verschiebung.

Die Kenntnis der relativen Verschiebungen ist wichtig für diejenige der Beanspruchung jeder einzelnen Niete. Ohne rel. Verschiebung keine Niet-Beanspruchung. Bei gegebener Blech- und Laschendicke, bei gegebener Belastung, nimmt die Beanspruchung einer Niete nur noch Bezug auf den Abstand von der Ebene PP, diese sei darum Bezugsebene genannt. Daraus folgt, dass die Beanspruchung von Niete 1, Abb. 38, grösser als von 2 und 3 ist.

Aus dem Verlauf der Kurven für die spez. Dehnungen von Blech und Laschen (Kurven B und L) kann auf die Beanspruchung einer Niete geschlossen werden. Zunehmende Divergenz der Kurven B und L (d. h. ε_B und ε_L) ist ein Zeichen für zunehmende, flacher Verlauf für geringe Beanspruchung.

c) Richtung der auf die Nieten wirkenden Kräfte. Für die Richtung der auf die Nieten einwirkenden Kräfte ist massgebend, dass auf der einen Seite der Bezugsebene (links von $P_l P_l$ in Abb. 37) der Stab sich mehr dehnt als die Laschen, auf der andern Seite (rechts vou $P_l P_l$ in der Abb. 37) es sich umgekehrt verhält. Unser Stab sei in der einen Bezugsebene $(P_l P_l)$ eingespannt. Das Einspannen ist hier zulässig, weil relative Verschiebung nicht stattfindet. Links der Bezugsebene nimmt das

Blech die Nieten mit und diese wirken auf die Laschen. Rechts davon ereignet sich das Gegenteil, die Laschen nehmen die Nieten mit und diese das Blech. In Abb. 41 sind die die Kräfte darstellenden Pfeile auf dem Bild des Körpers eingetragen, der diese Kräfte abgibt. Die Richtung von Kraft und von Widerlager - Reaktion ist umgekehrt bei 3 verglichen mit 2 und 1. Die Umkehrung der Kraftrichtung bei 3 ist jedoch ohne Bedeutung für die Summe der auf Blech oder Laschen wirkenden Kräfte, was einleuchtet, weil Kräfte und Reaktionen ausgeschieden werden müssen. Wird z. B. das Blech für sich betrachtet und bei Stelle 3 statt der Kräfte, die die Niete 3 überträgt, die Reaktion, die das Blech auf die Niete ausübt, berücksichtigt, so ist die Einheit der Kraftrichtung für das Blech bei Stellen 1 bis 3 hergestellt. Auch in der Bezugsebene *(PP)* besteht Gleichgewicht für Blech und Laschen. In jedem Querschnitt durch die Nietverbindung muss die Summe der Spannungen in Blech und Laschen die Last ausmachen (hier 20 t).

d) Laschendicke. Den Einfluss der Laschendicke können wir mit Abb. 37 vor Augen ebenfalls überblicken. Sind die Laschen dicker als im Verhältnis der Abb. 38, so liegen die Kurven L (ε_L) niedriger, ihre Schnitte mit den Kurven B (ε_B) rücken nach rechts, somit auch die Ebene $P_l P_l$. Die rel. Verschiebung vergrössert sich und damit auch die Beanspruchung der Nieten 1 und 2. Das gleiche ereignet sich für hartes (weniger elastisches) Laschenmaterial.

e) Zustand bei bleibender Deformation und beim Bruch. Wie sich das Blech gegen die Laschen verschiebt, sobald die Streckgrenze bei beiden überschritten ist, kann aus dem Zustand beim Bruch geschlossen werden. Bei beiden Probestäben (Ia und IIa) brach das Blech bei der ersten Niete. Folgende Zahlen geben die Verhältnisse beim Bruch wieder, wobei sich die Spannungen auf die ursprünglichen Querschnitte beziehen.

Zahlentafel XIV. Verhältnisse beim Bruch der Stäbe Ia und IIa

		Stab Ia	Stab IIa
Bruchbelastung	t	44,5	43,4
β Bruchspannung im Stab über Nietloch .	kg/cm²	3730	3630
σ_B Spannung des Stabes im Vollen . .	„	3180	3100
σ_L Spannung der Laschen über Nietloch .	„	2250	—*
σ_L „ „ „ im Vollen . .	„	1918	—*
τ Mittlere Schubspannung in den Nieten .	„	2920	2840

* Für den geschlitzten Stab IIa erübrigen sich diese Angaben.

Der Wert der mittleren Schubspannung τ der Nieten ist eine Vergleichsgrösse; in Wirklichkeit sind die Nieten auf Biegung und Schub und zudem ungleich beansprucht; nähere Angaben in Kap. 11.

Mit wachsender Belastung verstrecken sich Stab und Laschen. Die Verstreckung ist örtlich ungleich, an einem Ende von Stab oder Lasche findet eine solche überhaupt nicht statt, am grössten ist sie jedoch in dem Teil, in welchem schon im elastischen Zustand die grössten Spannungen anzutreffen waren. Solche ungleiche Verstreckungen verursachen örtlich verschiedene rel. Verschiebungen. Wir nennen diese wie früher innere rel. Verschiebungen, nur sind es diesmal bleibende.

Das Mass örtlicher Verschiebungen am Stab Ia konnte leicht durch Beobachtung von am Stabrand angebrachten Marken festgestellt werden. Die rel. Verschiebungen sind in Abb. 40 (unten) als Ordinaten örtlich aufgetragen. Wo sie am kleinsten sind, legen wir die Ebene *SS* quer durch den Stab, bezw. den Strich *SS* durch das Bild, und bemerken nun, dass von hier aus zwei Aeste ansteigen. Links von *SS* sind die Verschiebungen durch Verstreckung des Bleches, rechts durch diejenigen der Laschen hervorgerufen (die Beobachtungen wurden am verstreckten, jedoch spannungslosen Stab gemacht). Einen weitern Beweis hiefür liefert der Schnitt durch die Mittelebene, in Abb. 102, Kap. 12, dargestellt.

Werden mit steigender Belastung die Laschen in der Ebene *SS* festgehalten, so zeigt es sich, dass Punkte des Blechs, die ürsprünglich der Ebene angehörten, sich auch gegen *SS* verschieben. Bei Erreichung der Bruchbelastung von 44,5 t hat sich das Blech um die Höhe der Ordinate in *SS* bezw. um 1,4 mm bleibend gegen die Laschen in *SS* verschoben. Dieses Mass ist auf fortschreitende Abscherung der Nieten bezw. Verformung der Nieten und Nietlochwände zurückzuführen, es ist gleich gross für sämtliche Punkte des Blechs; dieses verschiebt sich, als wären Blech und Laschen starre Körper. Wir wollen diese Art der rel. Verschiebung die äussere nennen. Ausserhalb von *SS* stellt die Ordinate jedes Punktes der Kurve (Abb. 40) die gesamte rel. Verschiebung in der Berührungsfläche dar. Die Grösse der Verschiebung bezw. die Ordinate setzt sich zusammen:

a) aus dem Stück, das der bleibenden Verformung von Nieten und Nietlochwänden, d. h. der äussern bleib. Verschiebung entspricht und in seiner Grösse durch die Ordinate in *SS* dargestellt ist.

b) aus demjenigen, das der Verstreckung von Blech und Laschen d. h. der innern bleib. Verschiebung entspricht und durch den Rest der Ordinate über die unter a) bezeichnete hinaus zum Ausdruck kommt.

Es liegt nahe, die Verhältnisse bei der bleibenden rel. Verschiebung auf die rein federnde zu übertragen. Dafür spricht auch die benachbarte Lage der Ebene *SS* zur Bezugsebene *(PP)*, sowie die Aehnlichkeit der Proportionen. Durch die spätern Versuche ist eine solche Uebertragung nicht widersprochen.

2. Stäbe Ib und IIb. Nieten gestemmt, Laschen ungestemmt.

a) Beschaffenheit und Spannungszustand. Die Stäbe sind gleich beschaffen wie Ia und IIa, das Verstemmen der Nieten ausgenommen. Hinsichtlich der Querschnitte und der Spannungen — die Last war die nämliche, 20 t — gilt somit Zahlentafel XIII. Die Versuche mit diesen Stäben sollten das Frühere bestätigen. Gemessen wurde nur in der Längsebene *NN*, dagegen in mehreren Querebenen: Q_1 über Blech, Q_2 bis Q_4 über Laschen. Die Ergebnisse sind in Abb. 42 veranschaulicht. In der Lasche steigen die Spannungen *(L)* vom Rand an und erreichen gegen die

Mitte zu den höchsten Wert. Im Blech fallen die Spannungen *(B)* schon vor dem Laschenrand, erreichen den Wert 0 bei der Fuge. Die gemessenen Spannungen liegen etwas unter den gerechneten. Dies kann von der Unsicherheit der Messung herrühren — es handelt sich um Grössen der Ordnung $^1/_{1000}$ bis $^1/_{10000}$ mm — jedoch auch von unregelmässiger Blech- und Laschendicke, endlich vom Durchhang des bei der Prüfung horizontal eingespannten Probestabes. Im übrigen gibt uns der gleichartige Verlauf der Kurven eine gewisse Gewähr für die Zuverlässigkeit der Messungen.

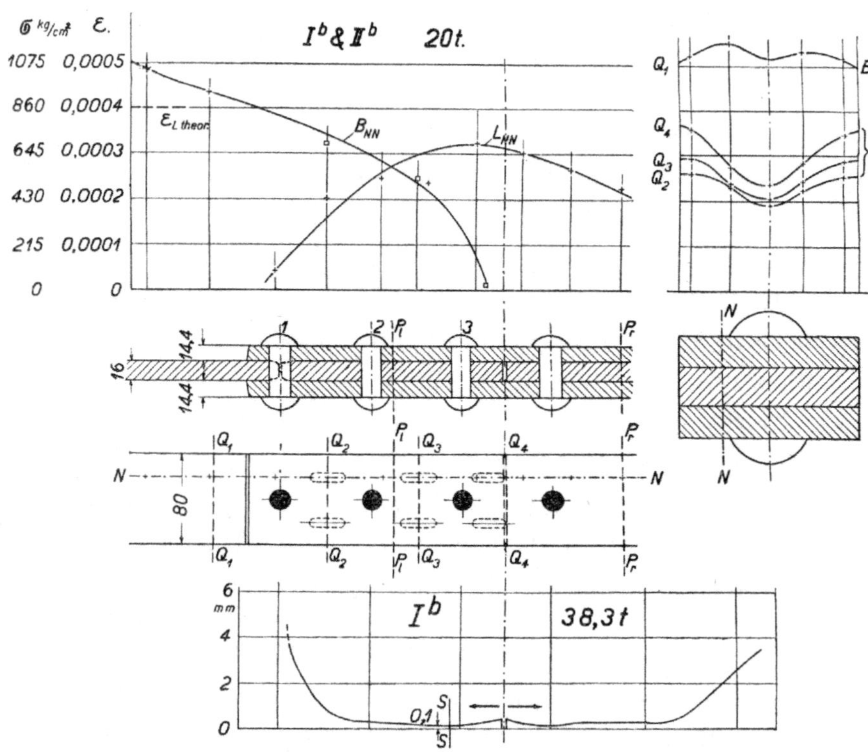

Abb. 42—47. Stäbe Ib und IIb. Abb. 42 und 46: Spannungszustand in Längs- und Querebenen (letzterer in doppeltem Masstab gezeichnet). Abb. 45. Bleibende örtliche Verschiebungen von Blech gegen Laschen bei der Bruchbelastung.

Da die Ergebnisse bei Stäben I^b und II^b ziemlich die nämlichen wie bei I^a und II^a sind, gelten auch die frühern Ausführungen, z. B. über die Bezugsebene *(PP)*, die quer durch den Stab gelegt wird, wo $\varepsilon_L = \varepsilon_B$. Bei Stab I^b rückt die

Ebene $P_l P_l$ jedoch etwas mehr nach links, was wir dem Umstand zuschreiben, dass die Nieten gestemmt sind.

In den Querebenen Q ist die Spannung nicht konstant (Abb. 46). Sowohl beim Blech (Q_1) als auch bei den Laschen (Q_2 bis Q_4) macht sich der Einfluss, der von den Nieten ausgeht, bemerkbar. Vor jeder Niete liegt eine Druckzone, hier gehen die Zugspannungen naturgemäss zurück.

Kurve Q_2 lässt erkennen, welche Kräfte durch Niete 1 vom Stab an die Laschen übergingen, Q_3 betrifft diejenigen der Nieten 1 und 2, Q_4 aller drei Nieten. Nehmen wir die mittlere Höhe der Kurve Q_4 über der Grundlinie zu 100 %, so ist diejenige von Q_3 85 %, von Q_2 77 %. Niete 2 hat demgemäss mit 7—8 %, Niete 3 mit 15 % an der Kraftübertragung teilgenommen, gegenüber 77 % bei Niete 1.

b) Örtliche Verschiebungen. Um die Verschiebungen des Blechs gegen die Laschen örtlich direkt zu messen, versah man den Probestab IIb — wie in Abb. 36 angegeben — mit Zapfen, die teils ins Blech eingeschraubt, teils angeschweisst waren.

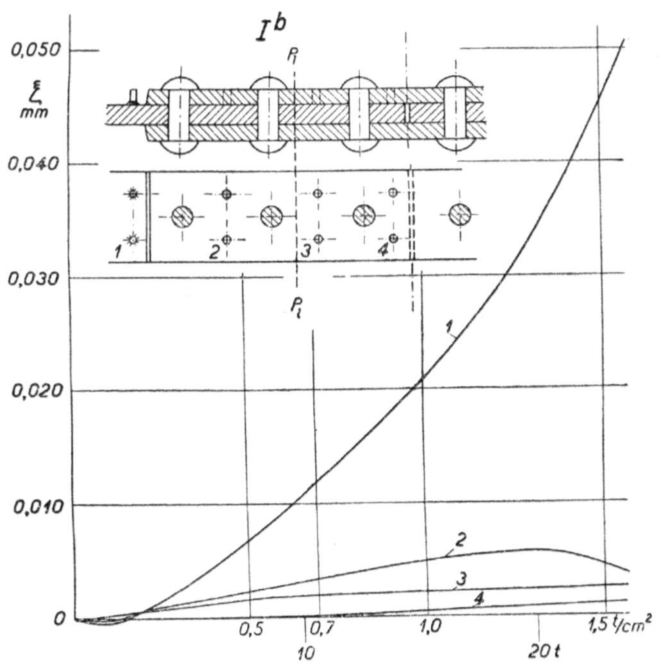

Abb. 48. Gemessene Verschiebungen des Blechs gegen die Laschen bei Ib.

Die Zapfen besitzen Spiel gegen die Wände der Löcher in den Laschen. Die Dehnungsmesser wurden mit der einen Schneide auf die Zapfen, mit der andern auf die Laschen in der Längsflucht aufgesetzt. Die Verschiebung von Zapfen gegen Lasche verursacht in jedem Dehnungsmesser einen Zeigerausschlag. Da die

Lasche sich in Spannungszustand befindet, also gedehnt ist wäre die Ablesung um die elast. Verlängerung zu vermindern, um die reine Verschiebung des Zapfens zu erhalten. Die Verlängerung (Δl) ist wegen geringer Schneidenlänge aber nur sehr gering zudem ziehen wir es vor, die Ablesungen direkt wiederzugeben, wie in Abb. 48 geschehen.

Die Nummern der Kurven entsprechen der Lage der in Abb. 48 angegebenen Zapfen. Es geht also auch aus dieser direkten Messung hervor, dass es der Laschenrand (Kurve 1) ist, der sich am meisten verschiebt. Am wenigsten Punkt 3. Dieser liegt der Bezugsebene *(PP)* am nächsten, jener hat den grössten Abstand. Das Ergebnis dieser Messung bestätigt somit das früher über innere rel. Verschiebung Gesagte.

Bruch. Probestab Ib brach bei Niete 1 bei einer Belastung von 37,5 *t*, was auf 1 cm^2 Stabquerschnitt 3,77 *t* ausmacht. Dabei verschob sich, wie in Abb. 45 angegeben, das Blech bleibend nur sehr wenig gegen die Laschen, äussere Verschiebung nur 0,1 mm. Der Unterschied gegenüber Stab Ia (mit 1,4 mm) rührt von zwei Ursachen her: Geringere Bruchbelastung, 37,5 *t* gegen 44,5 *t* — Ib besass geringere Dicke als Ia — und verstemmte Nieten (unverstemmt bei Ia). Die Ebene *SS* liegt weiter von *PP* entfernt als früher. Im übrigen besitzt der Verlauf der Kurve der bleibenden rel. Verschiebungen bei IIb (Abb. 45) nämlichen Charakter wie bei IIa (Abb. 40).

3. Stäbe III und IV. Nieten gestemmt, Laschen ungestemmt.

a) Beschaffenheit. Beschaffenheit und Abmessung der Stäbe, wenigstens für den mittlern Teil, sind in Abb. 50, 51 und 53 ersichtlich. Die punktiert gezeichneten Schlitze gehören zu Stab IV, ihr Zweck ist früher angegeben. Das Vernietungsbild ist das sog. 1 ½ fache, d. h. eine der Laschen ist breiter als die andere, die Nieten der äussersten (ersten) Reihe sind einschnittig. Die Laschen sind ungestemmt, die Nieten von Hand genietet und gestemmt. Nietdurchmesser 2,43 cm.

Die Querschnitte und bei 40 *t* Belastung die Spannungen sind Tafel XV zu entnehmen.

Zahlentafel XV. Verhältnisse bei Stäben III und IV.

(Belastung 40 t)	F, cm²	σ, kg/cm²	$\varepsilon_{\text{theor}}$
Blech im Vollen	27,5	1450	$0{,}000675 = \varepsilon_{B\,\text{theor}}$
Blech durch 1 Nietloch geschwächt	23,2	1720	0,000800
1 Lasche durch 1 Nietloch geschwächt	18,2	—	—
2 Laschen durch 2 Nietlöcher geschwächt	29,7	1340	0,000624
2 Laschen im Vollen	43,2	920	$0{,}000430 = \varepsilon_{L\,\text{theor}}$
3 Nieten, 5 Schnitte	23,2	1720	—

$$z_1 = \frac{160-25}{160} = 0{,}844 \qquad z_2 = \frac{160-50}{160} = 0{,}688$$

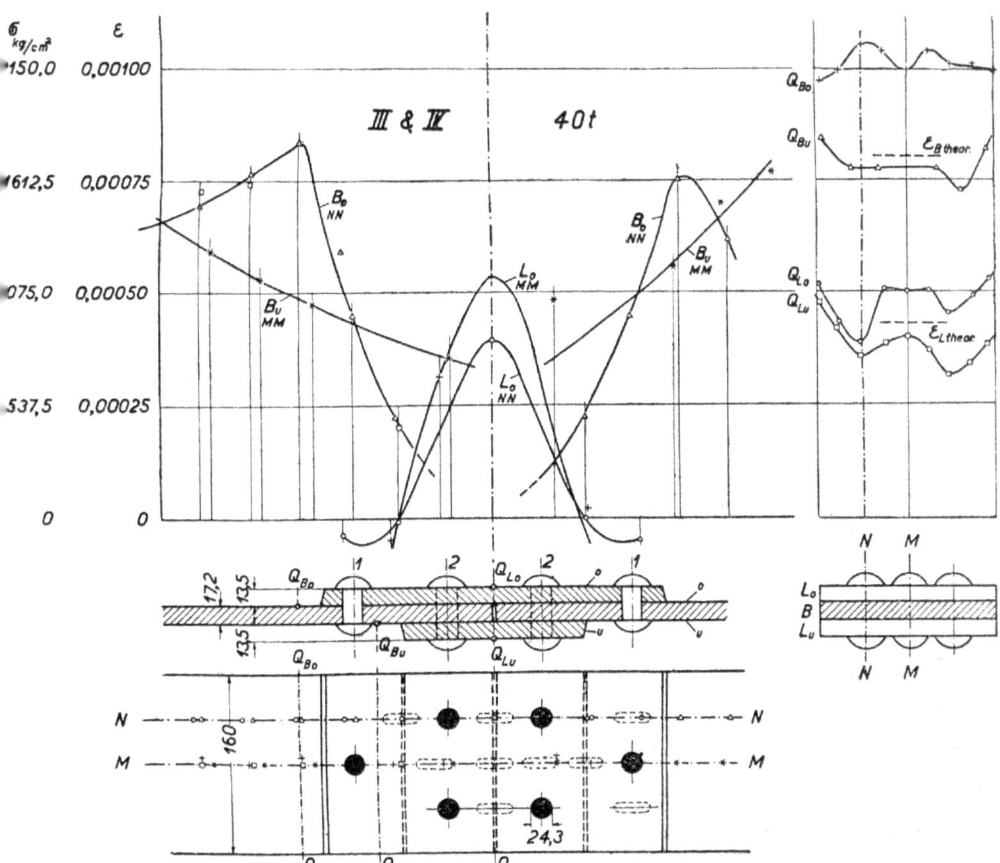

Abb. 49—53. Stäbe III und IV. Abb. 49 und 52. Spannungszustand der Stäbe III und VI längs und quer.

b) Spannungszustand. Alle Spannungen sind unterhalb der Elastizitätsgrenze, dagegen haben bleibende Verschiebungen des Bleches gegen die Laschen schon vor 40 *t* stattgefunden. Bei dieser Last lagen somit die Nieten satt an den Lochwänden an.

Die Ergebnisse der Messungen sind in Abb. 49 und 52 dargestellt; dabei sind Dehnungs- bezw. Spannungslinien bezeichnet:

B_{uMM}	Blech untere Seite,	Messebene	MM	abgekürzt statt		ε_{BuMM}
B_{oNN}	„ obere „	„	NN	„	„	ε_{BoNN}
L_{oMM}	Lasche „ „	„	MM	„	„	ε_{LoMM}
L_{oNN}	„ „ „	„	NN	„	„	ε_{LoNN}

Q Querebenen über Blech und Laschen, gemäss Angabe in der Zeichnung; B und L sind Zeiger für Blech und Laschen, o und u für obere und untere Seite.

Die in Zahlentafel XV für die Laschen bekannt gegebenen Spannungen bezw. spezifischen Dehnungen ε_{theor} stimmen gut mit den durch Messung ermittelten Ergebnissen, d. h. mit den Kurven der Abb. 49 und 52 überein; man beachte die Kurven Q_{Lo} und Q_{Lu} der Querebenen (Abb. 52). Das nämliche lässt sich von Kurve Q_{Bu} des Bleches sagen. Dagegen liegt Q_{Bo} erheblich über dem gerechneten Wert. Dies kann nicht verwundern im Hinblick auf die Biegungskräfte, die bei diesem unsymmetrischen Stab in die Erscheinung treten. Ihr Vorhandensein macht sich auch im ungleichen Verlauf der Spannungen B_o und B_u an der obern und untern Stabseite bemerkbar. Das Blech ist an seiner untern Seite am Rand, d. h. bei der Fuge, noch erheblich gespannt. Die Biegungsspannungen sind $= 0$, wo beide B-Kurven sich schneiden. In Nähe jeder ersten Niete hat somit das Blech je eine Inflexionsstelle.

Dass die Spannungen der Querebene Q_{Lo} grösser sind als diejenigen Q_{Lu}, rührt davon her, dass auf die obere Lasche eine Niete mehr als auf die untere wirkt. Der Einfluss der Nieten ist am Verlauf der Kurven Q erkennbar. Die Kurve Q_{Bo} stimmt in dieser Hinsicht mit Kurve Q_1 von Stab Ib überein.

Infolge der in der Nietverbindung auftretenden Biegung sind die obern Schnitte der Nieten der Reihe 2 nicht gleich wie die untern beansprucht. Der Einfluss der Biegungskräfte äussert sich ferner in der veränderten Lage der Ebenen *PP*. Auch bei Stäben III und IV bestehen Stellen auf der obern und untern Blechseite, wo $\varepsilon_B = \varepsilon_L$, aber sie liegen nicht mehr übereinander wie früher. Auf der obern Blechseite trifft $\varepsilon_B = \varepsilon_L$ für den Schnitt von B_{oNN} mit L_{oNN} zu, also zwischen Nieten 1 und 2. Für die untere Seite ist für unsern Fall mangels einer Messung die Lage zwar unbekannt; sicher ist, dass sie gegenüber der obern verschoben ist. Die Bezugsebene *(PP)* steht somit schräg zur Staboberfläche.

Eine gewisse Symmetrie der Kurven für die Längs- und Querdehnungen hinsichtlich der Mittelebenen deutet darauf hin, dass die Messungen zuverlässig sind, im Rahmen des Möglichen.

c) Relative Verschiebungen. Zur Bestimmung der Verschiebung der Stäbe gegen die Laschen ist gemessen worden, wie die Fuge, die durch die Enden der Stabhälften gebildet wird, sich mit zunehmender Belastung erweitert. Die Grösse 2ξ ist die Erweiterung der Fuge, ξ diejenige bezogen auf eine Stabhälfte. Hinsichtlich der Bedeutung, die Fugenerweiterung festzustellen um Verschiebungsverhältnisse zu beurteilen, vergleiche man die Ausführungen von Kap. 10/3/b (Abb. 77 und 81). Der Stab wurde stufenweise belastet und entlastet. Zahlentafel XVI und Abb. 54 nehmen Bezug auf Stab III.

Zahlentafel XVI. Gesamte und bleibende Verschiebung des Endes einer Stabhälfte von Stab III in der Fuge (Nieten 2,43 cm Durchmesser).

Stufe	Last	Last auf 1 cm² Nietquerschnitt	Gesamte rel. Verschiebung	Entlastung	Bleibende rel. Verschiebung
	P, t	τ, kg/cm²	ξ, mm	auf t	ξ', mm
I	1	43	0,0003	0	0
II	5	215	0,0019	0	0
III	10	431	0,0042	0	0,0002
IV	15	646	0,0066	0	0,0007
V	20	862	0,0102	0	0,0018
VI	25	1078	0,0153	0	0,0047

Die gesamte rel. Verschiebung (ξ) setzt sich, wie Abb. 54 und Tafel XVI beweisen, aus federnder und bleibender (ξ') zusammen. Die rel. Verschiebungen, die nach der Entlastung bleiben, zeigen sich in der Abb. 54 durch die Lage neuer Grundlinien (O_{II}, O_{III} usw.); der Wert der Tafel bezieht sich jedoch auf die erste Grundlinie (O_I). Plötzliches „Gleiten" konnte nicht beobachtet werden. Bis zu einer Belastung, die zwischen 5 und 10 t (bezw. 215 und 430 kg/cm² mittlere Schubbeanspruchung der Nieten) liegt, war die rel. Verschiebung nur federnd.

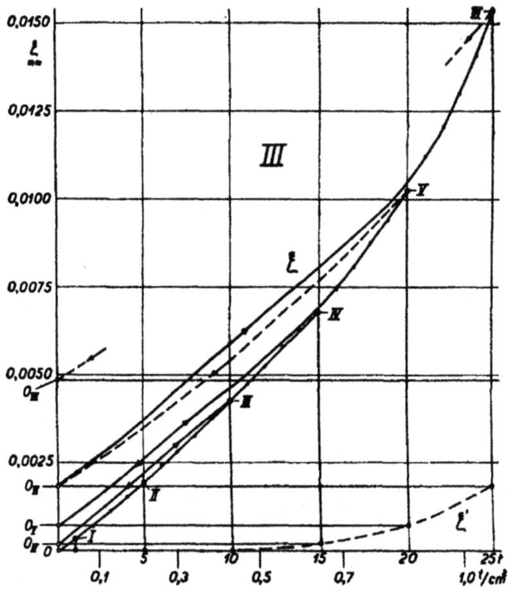

Abb. 54. Relative Verschiebung einer Stabhälfte von Stab III. Nieten gestemmt

d) Bruch. Er erfolgte bei Probestäben III und IV bei einer Last von 64,5 t oder 2,78 t/cm² mittlere Scherbeanspruchung der Nieten (= 64,5 : 23,2. Der Nenner stellt den gesamten Nietquerschnitt dar). Dabei wurde die erste Niete glatt durchgeschert, natürlich bei höherer Schubfestigkeit als 2,78 t/cm², dem Mittelwert. Die Verhältnisse sind in Kap. 11 und 12 näher ausgeführt.

Wir haben festgestellt, dass bei der 1 ½ fachen Vernietung die erste Niete, wegen Vorhandenseins eines einzigen Nietschnittes, viel stärker als diejenigen der zweiten Reihe auf Scherung beansprucht wird. Nach Massgabe des Fortschrittes der Abscherung der ersten Niete geht die Beanspruchung an Blech und Nieten der hintern (zweiten) Reihe über, im Unterschied von dreireihigen Nietverbindungen (Nieten doppelschnittig) wo das Blech in der dritten Reihe nicht mehr stark beansprucht ist.

Dass bei 1 ½ fach genieteten Längsnähten von Zylindermänteln Biegungsspannungen ebenfalls in die Erscheinung treten, werden wir in Kap. 15 nachweisen. Die 1 1/2fache Vernietung besitzt jedoch in einer Hinsicht einen gewissen Vorzug, ihre Schmiegsamkeit, denn das Mantelblech wird stufenweise durch die Laschen verstärkt.

4. Stäbe V und VI. Nieten gestemmt. Laschen ungestemmt.

Die Stäbe sind nach Art und Grösse, wenigstens für ihren mittleren Teil, in Abb. 56, 57 und 60 erkennbar; die gestrichelt gezeichneten Schlitze gehören dem Probestab VI an.

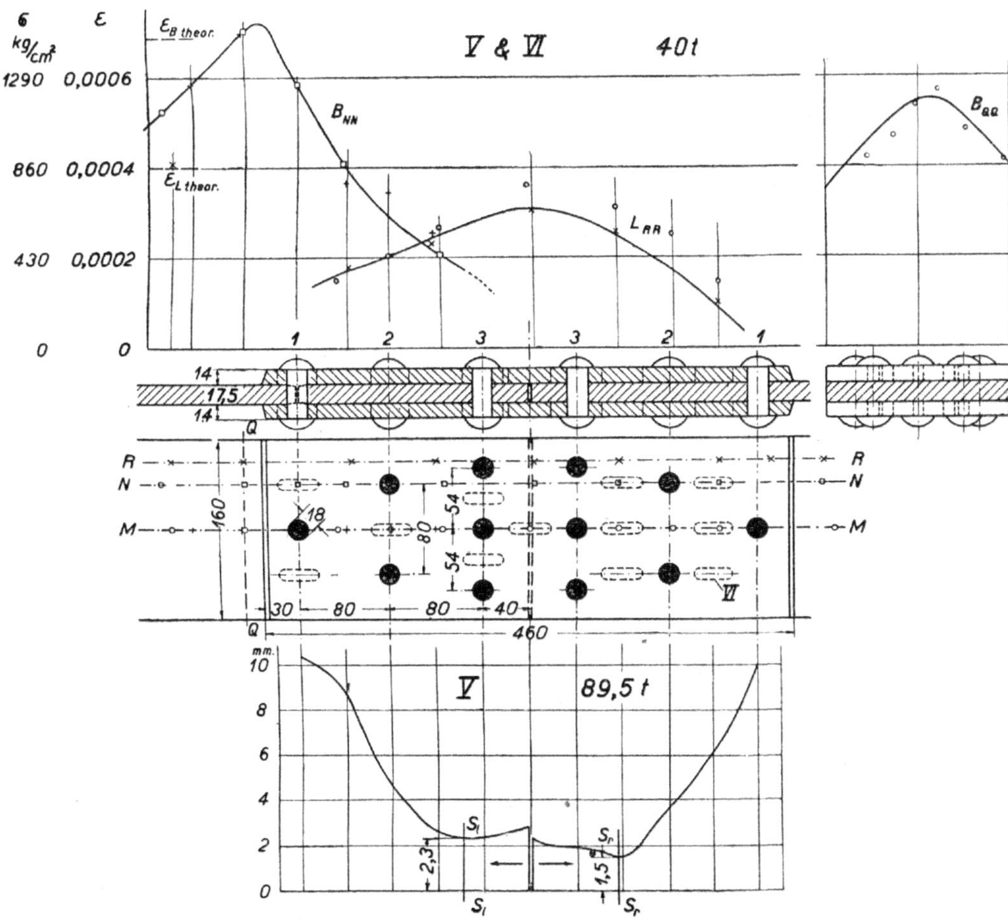

Abb. 55—60. Stäbe V und VI. Abb. 55: Elastische Dehnungen von Stab und Laschen bei 40 *t*. Abb. 59: Spannungsverteilung im Stab, Ebene *QQ*. Abb. 58: Bleibende örtliche Verschiebungen von Stabhälften V gegenüber den Laschen nach Bruch (89,5 *t*).

Die Stäbe wurden zunächst bis auf $P = 40\ t$ belastet. Auf diese Belastung bezieht sich hinsichtlich der Spannungen Zahlentafel XVII.

Zahlentafel XVII. Verhältnisse für Stab V.

(Belastung 40 t)	F, cm²	σ kg/cm²	ε_{theor}
Stab im Vollen	28,0	1430	$0{,}000665 = \varepsilon_{B\,theor}$
Stab durch Niete 1 geschwächt	24,85	1610	0,000749
Laschen im Vollen	44,8	890	$0{,}000415 = \varepsilon_{L\,theor}$
Laschen durch 3 Nieten geschwächt	39,8	1000	0,000468
6 Nieten 12 Schnitte	30,52	1310	

$z_{I} = 0{,}888$ $z_{II} = 0{,}775$ $z_{III} = 0{,}662$

a) Spannungszustand. Die Ergebnisse der Messungen sind in Abb. 55 dargestellt.

Dehnungsmessungen fanden in den Längsebenen MM, NN und RR, sowie in der Querebene QQ statt. Der Deutlichkeit halber geben wir bloss die Kurven B_{NN} (Blech, Messebene NN) und L_{RR} (Laschen, Messebene RR) an (man beachte, dass die Bezeichnungen B_{NN}, L_{RR} usw. Abkürzungen für ε_{BNN} und ε_{LRR} usw. sind). Die Spannung in den Laschen steigt vom Rand an rasch, sie fällt ebenso im Blech. Bei den Nieten 2 ist der Spannungsverlauf flacher. Dies deutet daraufhin, dass die Kräfteübertragung bei der ersten Niete erheblich grösser ist als bei der zweiten Nietreihe. Sprungweises Verhalten der Spannungskurven wegen Verschwächung von Blech und Laschen durch Nietlöcher konnte nicht festgestellt werden. Die durch Messung ermittelten Spannungen sind etwas geringer als die durch Rechnung ermittelten (ε_{theor}); es war eben nicht möglich, die Messebenen so zu legen, dass das Ergebnis an jeder Stelle dem Mittelwert entspricht.

Der Verlauf der Kurven B uud L zeigt deutlich, dass es für jede Stabhälfte eine Stelle gibt, an der $\varepsilon_L = \varepsilon_B$, durch die wir die früher gekennzeichnete Bezugsebene PP legen können. Wir verzichten hier auf ihre Einzeichnung, weil die Kurven B und L nicht ein und derselben Messebene angehören, stellen aber fest, dass sie zwischen der zweiten und dritten Nietreihe jeder

Stabhälfte liegt. Die 3 Nieten der dritten Reihe müssen also schwach beansprucht sein, weil die rel. Verschiebung dort gering ist und die Kräfte ausserdem durch 6 Nietschnitte aufgenommen werden. Das bei Stäben I und II Gefundene wiederholt sich ziemlich genau bei Stäben V und VI. Die Spannungslinien (B und L) nehmen hier ganz ähnlichen Verlauf wie dort; daran hat das Nietbild nichts geändert.

b. Relative Verschiebungen. Mit zunehmender Belastung gehen die Ränder der Stabenden auseinander. Die Fugenerweiterung wurde durch einen Schlitz durch die obere Lasche hindurch gemessen. Die gesamte Erweiterung sei mit 2 ξ bezeichnet; ξ ist der Wert der Erweiterung bezogen auf eine Stabhälfte. ξ' bezieht sich auf die bleibende Verschiebung.

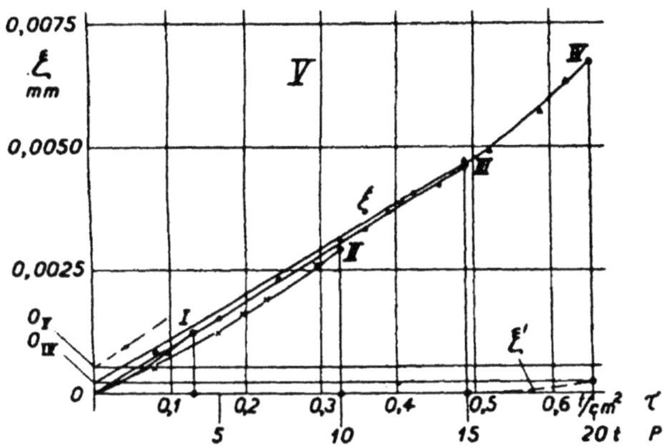

Abb. 61. Fugenerweiterung für eine Stabhälfte bei Stab V; ξ gesamte, ξ' bleibende.

Ueber den Wert der Feststellung der Fugenerweiterung gilt das zu Abb. 77 und 81, Kap. 10, Gesagte.

Die Verschiebungen bei Stab V sind in Abb. 61 veranschaulicht; Zahlentafel XVIII enthält die Werte.

Zahlentafel XVIII. Gesamte und bleibende Verschiebung des Endes einer Stabhälfte in der Fuge für Stäbe V und VIb.

Stufe	Belastung absolut P, t	Mittlere Nietbeanspruchung τ, t/cm²	Stab V ξ gesamt mm	Stab V ξ' bleib. mm	Stab VIb ξ gesamt mm	Stab VIb ξ' bleib. mm
I	0,1—4,1—0,1	0,134	0,0012	0	—	—
I	0,1 — 5 — 0,1	0,164	—	—	0,0014	0
II	0,1—10—0,1	0,328	0,0029	0	0,0029	0
III	0,1 — 15 — 0,1	0,492	0,0046	0,0002	0,0045	0,0001
IV	0,1—20—0,1	0,656	0,0066	0,0005	0,0063	0,0003
VI	0,1—30—0,1	0,983			0,0127	0,0032
VII	0,1 — 35 - 0,1	1,15			0,0392	0,0272

Das Vorgehen war stufenweise, nach erfolgter Belastung wurde entlastet. Ergibt sich bleibende Verschiebung, so bildet diese die Grundlinie für die neue Stufe, z. B. wird nach Stufe III die Horizontale O_{IV} mit der Ordinate ξ'_{III} in der Abbildung die Grundlinie für die Stufe IV usw. Die Grundlinien O_I, O_{II}, O_{III}, fallen mit der Abszissenachse zusammen.

Bei diesen 6 verstemmten Nieten findet somit bis zu einer Belastung, die zwischen 10 und 15 t liegt, bezw. bis zu einer mittleren Schubspannung $\tau = 328$ bis 492 kg/cm², nur federnde rel. Verschiebung der Blechenden statt. Von $P = 22\,t$ entsprechend $\tau = 721$ kg/cm² an zeigten die Instrumente unverhältnismässig rasche Ausschläge.

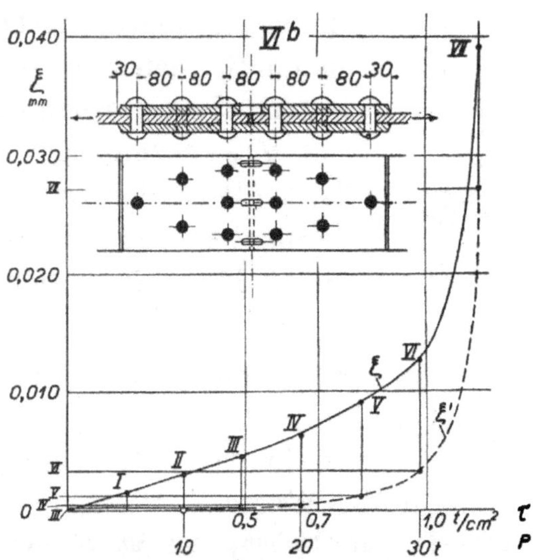

Abb. 62. Fugenerweiterung für eine Stabhälfte bei Stab VI b. ξ gesamte, ξ' bleibende.

Wir haben die Feststellung der Fugenerweiterung an einem Reservestab VI^b wiederholt; hier wurde durch drei Schlitze (in Abb. 62 angegeben) hindurch gemessen. Die Ergebnisse sind in Tafel XVIII und Abb. 62 enthalten. Das bei Stab V Gefundene wird hier bestätigt. Bleibende (äussere) Verschiebung beginnt bei einer Belastung zwischen 10 bis 15 t ($\tau = 328$ bis 492 kg/cm²) wie oben. Das Ordinatenstück zwischen den Kurven ξ und ξ' bedeutet federnde rel. Verschiebung.

c. Bruch. Der Bruch erfolgte bei

Stab	Bruchstelle	Bruchlast	F	β	F_s	τ
		t	cm²	t/cm²	cm²	t/cm²
V	Stab bei der ersten Niete	89,5	24,85	3,60	30,5	2,93
VI	Laschen über Reihe III	91,8	24,08	3,81	30,5	3,05
VI b	Stab bei der ersten Niete	76,5	22,7	3,37	30,5	2,51

F ursprünglicher Ausschnitt des Stabes an der Bruchstelle, β Bruchspannung, auf F bezogen, F_s gesamter Nietquerschnitt, τ Scherspannung bei der Bruchbelastung, auf F_s bezogen.

Es ist nicht zu vergessen, dass wenn bei Probestab VI die Laschen brachen, diese in Nietreihe III nicht nur durch 3 Nietlöcher, sondern zudem durch 2 Fenster geschwächt sind. Die nicht gebrochenen Stabhälften wiesen stark kontrahierte Stellen auf. Die erste Niete war stark verkrümmt.

Wie sich die Stäbe gegen die Laschen bei der Bruchbelastung verschoben haben, ist in Abb. 58 (unten) dargestellt; die Ordinaten entsprechen den örtlichen Verschiebungen, wobei sich die Stabhälften in der Pfeilrichtung bewegen. Wir bemerken, dass die bleibenden Verschiebungen in den Ebenen *SS* am geringsten sind; diese liegen zwischen Nietreihen 2 und 3, in der Nähe der Bezugsebenen *(PP)*. Wir haben solche rel. Verschiebungen als äussere bezeichnet. Im übrigen wiederholt sich das für Stäbe Ia und IIa Gesagte (Seite 44 und 45).

Es ist noch zu bemerken, dass bei den von uns untersuchten Stäben mit gestemmten Nieten die äussern rel. Verschiebungen meistens bis zu einer Grenze, die zwischen 350 und 500 kg cm^2 mittlerer Niet-Beanspruchung liegt, rein federnd sind. Bei der von den Hamburger Normen zugelassenen obern Grenze von 700 kg cm^2 sind die rel. Verschiebungen schon bleibend, wenn auch nur in sehr geringer Grössenordnung.

5. Folgerungen. Kräfte werden durch Doppellaschen so von einer Stabhälfte an die andere übertragen, dass die Spannungen in den Laschen erst rasch, dann langsamer steigen, im Blech erst rasch, dann langsamer fallen. Der Spannungszustand ändert sich in Blech und Laschen von Stelle zu Stelle. Infolgedessen treten Schubspannungen auf, als Ausgleich der Zugspannungen. Der Spannungszustand ist örtlich durch die Nieten beeinflusst, er ist überhaupt sehr verwickelt.*)

Das Blech und die Laschen, aus denen sich eine genietete Verbindung zusammensetzt, dehnen sich, wenn diese belastet wird, ungleich. Folgerichtig müssen sich die Berührungsflächen gegeneinander verschieben, die Stellen ausgenommen, wo die spez.

*) Siehe auch: Th. Wyss: Beitrag zur Spannungsuntersuchung an Knotenblechen eiserner Fachwerke, VDI-Verlag. Berlin, 1923.

Dehnung von Blech und Laschen gleiche Grösse besitzt ($\varepsilon_B = \varepsilon_L$). Für jede Hälfte einer symmetrischen Naht mit Doppellaschen gibt es eine solche Stelle. Auf der einen Seite davon dehnt sich das Blech mehr als die Laschen, auf der andern dehnen sich die Laschen mehr als das Blech. Die Grösse der rel. Verschiebung nimmt zu mit dem Abstand von dieser Stelle, oder, wenn eine Ebene quer durchgelegt wird, mit dem Abstand von dieser. Diese Ebene sei Bezugsebene genannt, die rel. Verschiebungen als innere bezeichnet. Bei konstanter Nahtbelastung hängt die Beanspruchung jeder einzelnen Niete von der rel. Verschiebung von Blech und Laschen ab. Ohne Verschiebung keine Beanspruchung. Diese nimmt daher in gleicher Weise wie jene auf den Abstand von der oben gekennzeichneten Ebene Bezug; d. h. mit zunehmendem Abstand einer Niete wächst ihre Beanspruchung. Die Laschendicke und das Verstemmen der Nieten sind für die Lage der Bezugsebene und somit für die Beanspruchung der Nieten mitbestimmend.

Wären Bleche und Laschen aus starrem Material, könnte innere rel. Verschiebung nicht stattfinden, sondern nur eine solche, die über die ganze Verbindung konstant ist, die äussere rel. Verschiebung. Auch bei mehreren Nieten in einer Reihe hintereinander wird jede Niete oder Lochwand dann gleichmässig verformt.

Relative Verschiebungen können federnd oder bleibend sein. Innere sind bleibend, sobald Blech und Laschen mit zunehmenden Kräften verstrekt werden, äussere, sobald der Verband der Berührungsflächen gelockert ist.

Bei Stäben mit mehreren gestemmten Nieten sind die rel. Verschiebungen höchstens bis zu einer Grenze, die zwischen 350 und 500 kg/cm² mittlerer Nietbeanspruchung liegt, rein federnd.

Bei allen untersuchten Probestäben waren die Nieten der ersten (äussersten) Reihe am meisten beansprucht; einschnittige Nieten mehr nur auf Schub, zweischnittige auf Biegung und Schub (Kap. 12). Sind die Nieten der ersten Reihe zweischnittig, so übertragen sie einen weitaus grössern Teil von Kräften vom

Blech an die Laschen als die der spätern Reihen. Die einschnittigen Nieten der 1 ½-fachen Nietverbindung leisten gegen Abscheren geringen Widerstand, bei dieser Verbindung erleiden auch die Nieten und der Blechrand der zweiten Reihe gewisse Beanspruchungen. Dagegen sind bei dreireihigen Nietverbindungen Blech und Nieten in den hintern Reihen wenig beansprucht, am geringsten die Nieten der mittlern Reihe.

Bei Probestäben mit drei Nietreihen erfolgte der Bruch im Blech bei der ersten Reihe, auch wenn in den spätern Reihen geringerer Blech-Querschnitt vorhanden war.

10. Versuche des Verfassers (1925) mit verhältnismässig dicken genieteten oder geschweissten Stäben.

1. Erläuterungen. Die Stäbe sind von den Firmen *L*, *E* und *S* geliefert worden. Sie sind nach Art und Grösse aus Abb. 64 erkennbar. Bei den hiernach beschriebenen genieteten Stäben

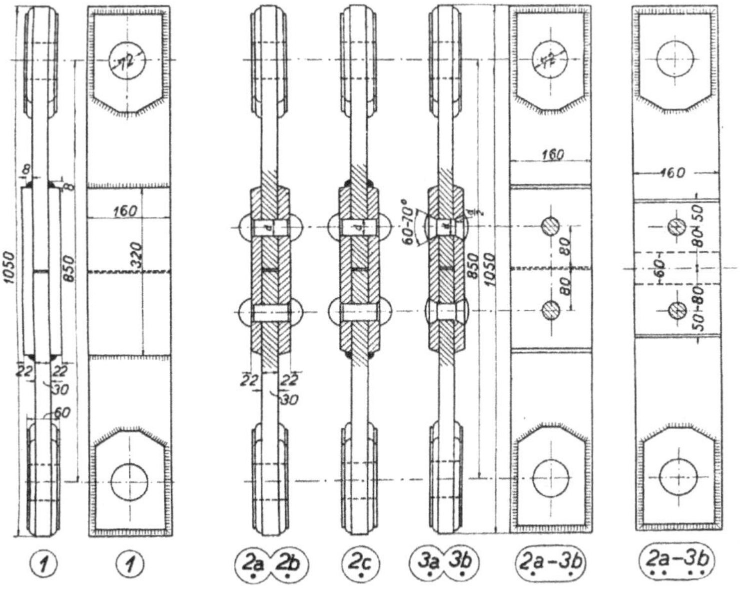

Abb. 64. Probestäbe aus verhältnismässig dickem Blech.

entfällt auf jede Stabhälfte nur eine Niete. (Man war auf das Anbringen einer einzigen beschränkt; mehrere Nieten der angegebenen Dicke wären durch die verfügbare Werder'sche Zerreissmaschine von 100 *t* Leistung nicht mehr bewältigt worden.) Jeder Stab jeder Serie war doppelt ausgeführt. Es lagen 4 Serien vor, insgesamt 48 Stäbe.

Stäbe 1. Die Laschen sind (elektrisch) an die Stabhälften angeschweisst. Keine Vernietung. Die Nähte besitzen den Charakter von Dichtigkeits-Schweissnähten (vorgeschriebene Schenkellänge einer Stirnfläche 0,8 cm, Verwendung von Quasi-Arc-Elektroden.)

Stäbe 2. Kopfnieten. 2_a Laschen und Nieten unverstemmt, 2_b Laschen und Nieten verstemmt, 2_c Nieten unverstemmt, die Laschenränder sind geschweisst (Dichtigkeitsschweissnähte).

Stäbe 3. Versenkte Nieten. 3_a Laschen und Nieten unverstemmt, 3_b Laschen unverstemmt, Nieten verstemmt.

Kleine Unterschiede in der Ausführung kommen in Tafel XIX zum Ausdruck.

Zahlentafel XIX. Unterschiede in der Ausführung der genieteten Stäbe.

Serie	d_L mm	d_N* mm	Stempel-druck t/cm^2	Schliess-zeit	Gekühlt	Kopfnieten	Versenkte Nieten	a^0	Ver-senk mm
L	33	33	10	40"	Ja	Gew. Kopfnieten	Formnieten	60°	16
E	34,4	34,2	10,3	45"	"	Schuchnieten	"	60°	16
S	31	30,6	8,3	18"	Nein	Gew. Kopfnieten	"	70°	15
SS	30,5	30,3	8,8	18"	"	" "	"	70°	15

*) Nietdurchmesser nach der Abscherung gemessen, entspricht nicht dem Rohnietdurchmesser.

Bei den Stäben mit Zeiger • sass die Niete auf jeder Seite in einem Quadrat von 16×16=256 cm², bei andern (Zeiger ••, jedoch nicht bei allen) war der Rand von Laschen und Stäben auf 5,0 cm verkürzt, die Berührungsfläche auf 16×10=160 cm² vermindert. Die Bedeutung der Grösse der Berührungsfläche sowie der Breite des Laschenrandes sollte bei den Stäben mit Zeiger •• ermittelt werden.

Das Verhältnis des durch das Nietloch geschwächten Querschnittes zum vollen Querschnitt war z=0,806 bis 0,788, der Querschnitt eines Stabes im Vollen 16×3=48 cm², derjenige über das Nietloch 38,7 bis 37,8 cm², die zwei Nietschnitte einer

Stabhälfte 15,1 cm^2 bis 18,4 cm^2. Stäbe und Laschen waren so kräftig, dass Abscheren der Nieten in allen Fällen zu erwarten war.

2. Stäbe 1. Festigkeit von Dichtungsschweissnähten (d. h. elektrisch geschweissten Stirnnähten mit geringer Schenkellänge) ohne Vernietung.

a) Festigkeit. Der Probestab (1) ist seiner Beschaffenheit nach in Abb. 64 erkennbar. Nahtlänge ursprünglich gleich Stabbreite, d. h. 160 mm, musste aber wegen unzulänglicher Leistung der Prüfmaschine (100 *t*) auf 120 mm zurückgemeisselt werden, um den Bruch in den Nähten herbeizuführen. Schenkellänge vorgeschrieben 0,8 cm, vorhanden 0,8 bis 1,1 cm.

Zahlentafel XX. Abreissfestigkeit (δ) von Stirnnähten.

Nähte in einem bei Dichtungsnähten üblichen Querschnitt elektrisch geschweisst unter Verwendung von Quasi-Arc-Elektroden.

Bezeichnung	Q t	F (Naht) rd cm^2	$\delta = Q:2F$ t/cm^2
L 1 •	82,8	10,8	3,84
L 1 ••	85,0	10,5	4,05
E 1 •	87,0	13,8	3,15
E 1 ••	82,5	11,0	3,75
S 1 •	73,0	10,3	3,55
S 1 ••	76,0	11,0	3,45
1 Reservestab	83,0	10,8	3,84
Mittelwert	81,3	11,1	3,65

Bei den Stäben S besassen die Laschen abgeschrägte Kanten. Drei Stäbe, bei denen für die Nähte dicke Elektroden verwendet worden sind, ergaben zuerst geringere Abreissfestigkeit, einer davon erreichte bloss 1,77 kg/cm^2. Durch Nachschweissen der gebrochenen Stäbe sind bessere Ergebnisse erzielt worden.

Die Nähte, die die grösste Abreissfestigkeit ($\delta = Q:2F$) siehe Seite 19) ergaben, sind mit dünnen Elektroden geschweisst worden. Der Mittelwert von Zahlentafel XX ist etwas höher als für ähnliche Nähte gemäss Tafel VII.

Für die auf 12 cm Länge zurückgemeisselten Nähte ergibt sich gemäss Tafel XX die mittlere Bruchbelastung von 81,3 *t*; für die ursprüngliche Nahtlänge (16,0 cm = Stabbreite, würde sich 108 *t* ergeben. Bei spätern Versuchen mit vernieteten Stäben ergaben die stärksten Nieten (Durchmesser 34,2 mm) höchste Bruchbelastungen von 72 *t* (Tafel XXV). Das Verhältnis des vollen Stabes zu dem durch ein Nietloch geschwächten beträgt bei diesen Stäben 79 %; soviel könnte auch das Festigkeitsverhältnis einer einreihigen Nietnaht betragen. W e r d e n d i e R ä n d e r v o n D o p p e l l a s c h e n d i c h t g e s c h w e i s s t, s o i s t d i e d a r a u s a l l e i n s c h o n h e r v o r g e h e n d e F e s t i g k e i t h ö h e r a l s d i e e i n e r s t a r k e n e i n r e i h i g e n N i e t n a h t (das 1,5 fache erreicht im Vergleich zu einer nur genieteten Naht von $s = 3{,}0$ cm, $d = 3{,}42$ cm und $z = 79$ %).

Abb. 65. Schnitt durch eine Stirnnaht, die zur Dichtung dienen soll. Naturgrösse.

b) Beschaffenheit der Schweissnähte. Abb. 65 zeigt den Querschnitt durch eine solche (Dichtungs-) Stirnnaht. Der elektrische Strom schmilzt Material bis 2 mm unter der Staboberfläche heraus; am Anfang und Ende der Naht erscheinen kleine Furchen.

c) Zähigkeitseigenschaften. Um sich hierüber ein Urteil zu bilden, wurde die mit zunehmender Stab-Belastung eintretende Erweiterung der Fuge — diese wird durch den Stoss beider Stabhälften gebildet — gemessen. 2ξ ist die gesamte, $2\xi'$ die bleibende Fugenerweiterung. Zwei Ursachen tragen zur Fugenerweiterung bei:

Zahlentafel XXI. Erweiterung der Fuge von nicht genieteten Stäben, bei denen die Laschen an den Rändern geschweisst sind.

(2ξ gesamte Erweiterung. $2\xi'$ bleibende Erweiterung bezw. Verschiebung der Stirnnähte.)

Last *t*	Stab *E* 1 • 2ξ mm	Stab *E* 1 • $2\xi'$ mm	Stab *S* 1 • 2ξ mm	Stab *S* 1 • $2\xi'$ mm
10	0,001	0	0,006	0
20	0,001	0	0,016	0
30	0,004	0	0,033	0,002
40	0,011	0	0,050	0,004
50	0,040	0,002	0,075	0,008
60	0,079	0,001		
70	0,128	0,008		

a) Die Verlängerung der Laschen. Diese ist nur elastisch; da der Querschnitt beider 70,4 cm² beträgt, ist bleibende Verlängerung für die hier möglichen Belastungen von 100 *t* ausgeschlossen. b) Federnde und bleibende Verschiebungen der Stirnnähte (stets zwei für jede Lasche in Betracht zu ziehen). Bleibende Erweiterungen (2 ξ') sind lediglich der Ueberlastung der Nähte über die Elastizitätsgrenze hinaus zuzuschreiben. Zur Ermittlung der Erweiterung dienten Zeiss-Uhren, Zahlentafel XXI lässt für 2 Beispiele erkennen, in welcher Grössenordnung diese Verschiebungen liegen. Daraus folgt, dass die Stirnnähte nicht brechen „wie Glas", sondern in gewissem Rahmen elastisches, nach der Verstreckung zähes Verhalten aufweisen.

3. Genietete Stäbe.

a) Der Spannungszustand wurde bloss an einem der Stäbe (an $L\ 3\ a\ \bullet$) ermittelt. (Es wurde ein solcher mit ver-

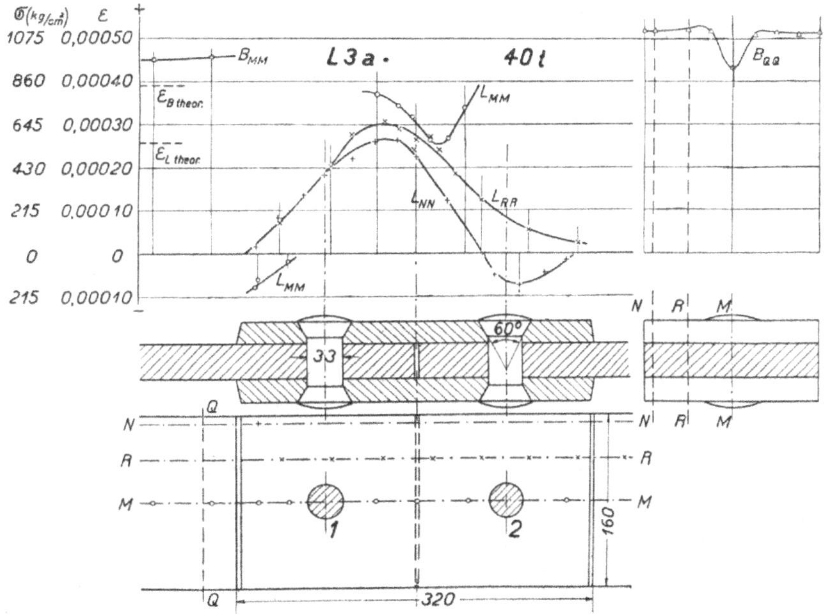

Abb. 66—70. Spannungszustand eines Stabes mit versenkten, unverstemmten Nieten.

senkten und unverstemmten Nieten gewählt. Im Hinblick auf die zeitraubende Arbeit wurden diese Messungen bei andern Stäben in konformer Weise nicht wiederholt). Der Spannungszustand wird durch die Kurven von Abb. 66 veranschaulicht. Belastung 40 *t*; hiebei gelten folgende Verhältnisse:

Zahlentafel XXII. Verhältnisse bei Stab $L\,3\,a$ •

(Belastung 40 t)	F, cm²	σ, kg/cm²	ε_{theor}
Stab im Vollen	48,0	833	0,000387 $= \varepsilon_{B\ theor}$
Stab geschwächt	38,1	1050	0,000488
Laschen im Vollen	70,4	568	0,000264 $= \varepsilon_{L\ theor}$
Laschen geschwächt	53,4	749	0,000348
1 Niete 2 Schnitte	17,1	2340	—

$z = 53{,}4\ \text{cm}^2 : 70{,}4\ \text{cm}^2 = 0{,}758$

Bereits haben äussere relative Verschiebungen stattgefunden, die Nietschäfte liegen an den Wandungen an. Die Kurven mit Zeiger B gehören zum Blech, mit L zu einer Lasche; es sind Abkürzungen für ε_B oder σ_B bezw. ε_L oder σ_L. Die Zeiger NN, MM, RR beziehen sich auf die Messebene.

Von den Spannungen im Blech kennen wir den Verlauf nur auf ein kurzes Stück vor der Lasche B_{MM}, Abb. 66, zudem B_{QQ} in der Querebene QQ, Abb. 69. Bemerkenswert ist hinsichtlich der örtlichen Spannungen die Nachwirkung der Niete im Blech, erkennbar an der Senkung in der Kurve B_{QQ}.

Die Spannungen in den Laschen steigen regelmässig, und zwar schon vom äussersten Laschenrand an; ihr Verlauf zeigt keine Sprünge in der Nähe der Nieten, die wegen Blechschwächung durch die Löcher hätten erwartet werden können. Am Laschenrand, vor Niete 1, zeigt die zugehörige Kurve L_{MM} Druckspannung; sodann fällt ein Stück dieser Kurve des Nietkopfes halber aus, hinter diesem erreicht L_{MM} den Höchstwert. Die Linien L_{NN} und L_{RR} verlaufen regelmässiger; L_{NN} geht an einer Stelle in Druck über. Die Kurven sind nicht ganz symmetrisch, was von Einflüssen beim Nieten herrühren kann.

Der gerechnete Wert von $\varepsilon_{L\,theor}$ (aus Tafel XXII) schneidet die gemessenen der Abb. 66, zeigt also befriedigende Uebereinstimmung mit diesen. Dagegen liegen die gemessenen Werte von $\varepsilon_{B\,theor}$ etwas über dem gerechneten. Im übrigen ändert sich die spez. Dehnung und die Spannung an jedem Punkt von Lasche und Stab.

Dieser Versuch wurde, um den Verlauf der Spannungen im Blech besser zu kennen, als gemäss Abb. 66 möglich, mit Stab $L2c\bullet$ (Kopfnieten unverstemmt, Laschenränder geschweisst) wiederholt. Da das Durchfahren der Laschen durch Schlitze bei keinem dieser Stäbe möglich war, wurden die Dehnungsmesser bei $L2c\bullet$ seitlich am Blechrand aufgespannt. Belastung 30 *t*. Der Spannungszustand ist aus Abb. 71 erkennbar. Wir stellen fest, dass auch hier die Spannungen im Blech stetig abnehmen. Der Verlauf der Spannungen B_{QQ} quer durch das Blech, Abb. 73, ist, wegen Vorhandenseins von Schweissnähten, regelmässiger als in Abb. 69. Die durch Messung ermittelten Spannungen entsprechen den gerechneten ziemlich genau, was aus $\varepsilon_{B\,theor}$ als Ordinate hervorgeht.

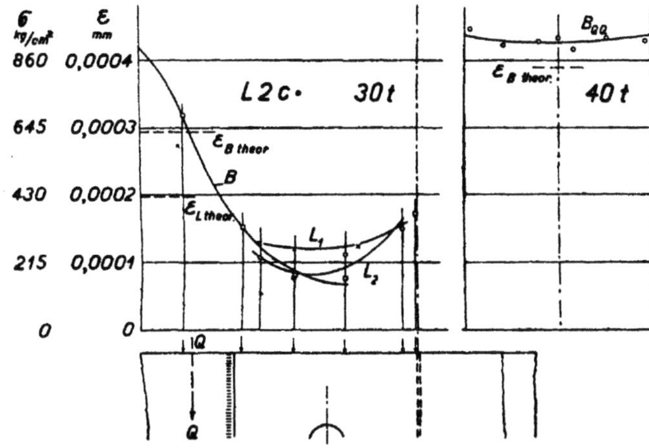

Abb. 71—73. Spannungszustand eines Stabes. Kopfnieten. Laschenrand verschweisst.

Die Spannungen L_1 und L_2 beider Laschen sind wenig voneinander verschieden. Eine mittlere *L*-Kurve würde die *B*-Kurve zwischen der Niete und dem Rand schneiden.

Aus den Spannungsbildern 67 und 71 schliessen wir, dass, da die Spannungen im Blech fallen, in den Laschen steigen, irgendwo die spezifischen Dehnungen in Laschen und Blech gleich sein müssen, $\varepsilon_L = \varepsilon_B$. Somit kann auch bei einreihiger Nietnaht eine Ebene *PP* — die Bezugsebene — quer durch die Verbindung gelegt werden, von der das in Kap. 9 Gesagte gilt. Für den Stab gemäss Abb. 71 ist die Lage der Schnittpunkte der Kurven *B* und *L* bezw. diejenige der Ebene *PP* annähernd bekannt, nämlich zwischen Niete und Laschenrand.

b) Relative Verschiebungen (erstes Feststellungsverfahren). Die Verschiebungen der Stäbe gegen die Laschen sind unter Anwendung verschiedener Methoden gemessen worden. Erste

Methode: Man suchte, die Verschiebungen örtlich zu erfassen. Zu diesem Zwecke wurden die Laschen in der in Abb. 74—76 angegebenen Art an verschiedenen Stellen durchgebohrt und Stifte in das unterliegende Blech eingeschraubt mit Spiel in den Laschen. Die Stifte verschieben sich gegen die Laschen nach Massgabe der örtlichen Verschiebung. Die Verschiebungsgrösse kann mittels

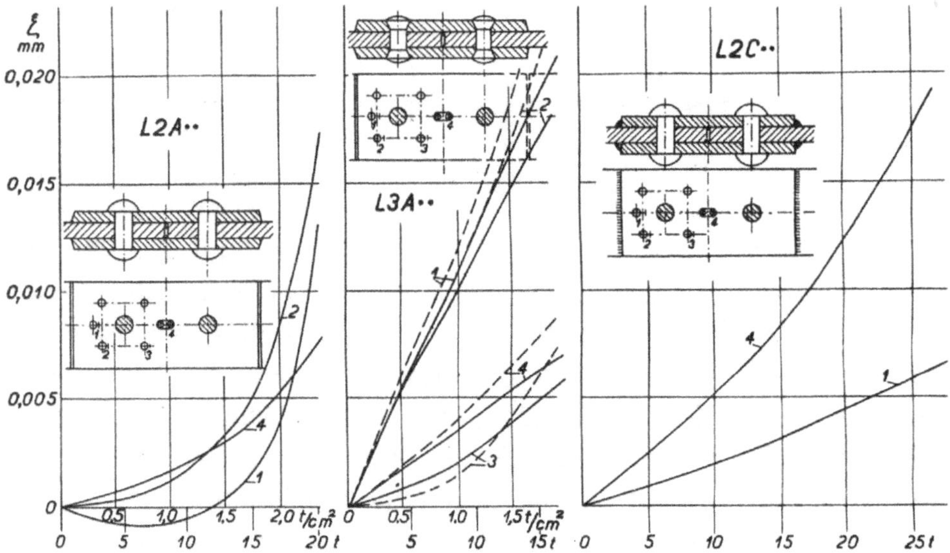

Abb. 74 Abb. 75 Abb. 76

Oertliche Verschiebungen des Bleches gegen die Laschen (ξ mm Verschiebungsgrösse).

Dehnungsmessern, von denen je eine Schneide auf dem Zapfen, die andere auf der Lasche aufruht, festgestellt werden. Die an drei Stäben erhaltenen Ergebnisse sind dargestellt: Abb. 74 Stab *L* 2 *A* • • (Kopfnieten, unverstemmt), Abb. 75 Stab *L* 3 *A* • • (versenkte Nieten, unverstemmt), Abb. 76 Stab *L* 2 *C* • • (Kopfnieten, Laschenränder geschweisst).

Es ist festzustellen, dass die rel. Verschiebungen nicht durch gerade Linien, sondern durch Kurven dargestellt sind, d. h. die Grösse der rel. Verschiebung wächst nicht proportional mit der Last. Aus den Abb. 74—76 geht hervor, dass schon bei verhältnismässig geringer Last rel. Verschiebungen auftreten. Beim Stab *L* 3 *A* • • (Abb. 75) sind die Belastungen mehrfach wiederholt worden, erste Messung gestrichelte Linie, zweite ausgezogen. Am regelmässigsten sind die Verschiebungen bei dem an den Laschenrändern geschweissten Stab $L\,2\,C\,\bullet\bullet$ (Abb. 76).

Die Kurven sind nicht übereinander gelagert, somit hängt die Grösse der rel. Verschiebung vom Ort der Meßstelle ab. Sie ändert sich am gleichen Stab von Stelle zu Stelle. Sodann wechselt überhaupt in Abb. 74—76 die Lage gleichbezeichneter Kurven bei jedem Stab. Wie hängt dies mit der Beschaffenheit der Stäbe zusammen? Von den drei Stäben ist jeder etwas

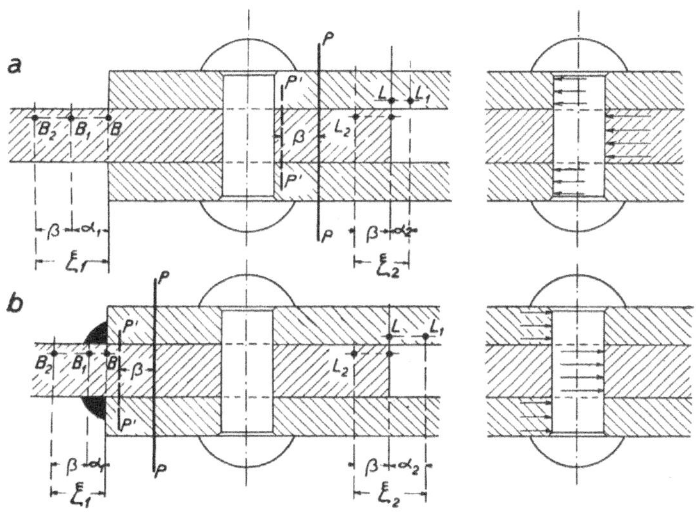

Abb. 77—80. Verschiebungen schematisch aufgezeichnet.

anders beschaffen. Zur Auffindung der Ursachen legen wir in Abb. 77 (Fall a) die bekannte Ebene *PP* (Bezugsebene), in welcher $\varepsilon_B = \varepsilon_L$, quer durch den Stab. Da beide Laschen zusammen dicker sind als das Blech, mag die Bezugsebene zwischen Niete und Blechrand liegen. Links dehnt sich das Blech mehr, als die Laschen sich dehnen, Punkt *B* des Bleches verschiebt sich bei der Verlängerung um die Strecke α_1 nach links, d. h. nach B_1, dagegen verschiebt sich Punkt *L* der Laschen um α_2 nach rechts, d. h. nach L_1. Die Bezugsebene *(PP)* verändert ihre Lage nicht. Diese rel. Verschiebungen sind federnd und erfolgen aus der Ursache ungleicher Dehnungen von Blech und Laschen heraus. Das Blech verschiebt sich jedoch noch in anderer Weise gegen die Laschen. Wir setzen voraus, Blech und Laschen seien starre Körper. Die Laschen werden nach einer, das Blech nach der entgegengesetzten Seite hin gezogen, wobei sich Nieten und Lochwände deformieren, erst federnd, dann bleibend. In diesem Fall ist die rel. Verschiebung auf der ganzen Berührungsfläche gleich gross, sie sei $= \beta$. Punkt B_1 verschiebt sich weiter nach links, nach B_2, L des Bleches ebenfalls nach links, nach L_2, die Ebene PP hinsichtlich des Bleches nach $P'P'$.

Für Punkt B des Bleches beträgt die gesamte Verschiebung gegen die Laschen, die nur nach links erfolgt ist

$$\alpha_1 + \beta = \xi_1$$

Rechts, bei der Fuge, hat sich die Lasche von L aus nach rechts, das Blech nach links verschoben, gesamte rel. Verschiebung

$$\alpha_2 + \beta = \xi_2$$

Je kürzer der Abstand eines Punktes von der Ebene PP, desto geringer ist der Wert α seiner rel. Verschiebung. Bei Probestab Abb. 75 liegt diese Ebene ungefähr bei Messtelle 3, daher verschieben sich die Messtellen 3 und 4 weniger als 1 und 2. Umgekehrt verhält es sich bei Stäben, deren Laschen am Rand geschweisst sind. Sind nur Schweissnähte allein vorhanden (Stab gemäss Abb. 64/1), so müssen die Bezugsebenen die Nähte (Stirnnähte) der Länge nach schneiden, d. h. die rel. Verschiebungen nehmen auf die Schweissnaht Bezug. Sind die Laschen durch Nieten und Schweissnähte befestigt, wie der Stab gemäss Abb. 76, so liegt für jede Stabhälfte die Bezugsebene zwischen Stirnnaht und Niete, wie übrigens gemäss Abb. 71 direkt nachgewiesen. Entsprechend ist die Lage der Ebene PP in Abb. 78 (Fall b) eingezeichnet. Die rel. Verschiebungen erfolgen in gleicher Richtung wie in Abb. 77, der Grösse nach sind sie jedoch verschieden, L verschiebt sich mehr als B. Entsprechend verschiebt sich bei Abb. 76 Punkt 4 mehr als Punkt 1. Also ist die scheinbar willkürliche Lage der Verschiebungskurven für gleich bezeichnete Messtellen der Stäbe gemäss Abb. 74—76 begründet.

Die Abb. 79 und 80 geben noch an, in welcher Richtung die Nieten Kräfte empfangen und abgeben; hiezu gleiche Erläuterung wie zu Abb. 41.

Wollte man die Ergebnisse der Abb. 74—76 zahlenmässig weiter auswerten, so müsste man bedenken, dass zu den Verschiebungen, die die Instrumente anzeigen, die Verlängerung ($\triangle l$) der Lasche noch hinzukommt. Diese ist aber erheblich geringererGrössenordnung als die rel.Verschiebungen, schon wegen geringer Messlänge l (in $\triangle l = \varepsilon l$); die Messlänge ist durch den Schneidenabstand von 20 mm gebildet. Der Verfasser zieht es vor, den Verschiebungsvorgang ohne Korrektur darzustellen.

c) Relative Verschiebungen der Blechränder an der Stossfuge (zweites Feststellungsverfahren). Bei zunehmender Belastung erweitert sich die Stossfuge. Das zweite Verfahren — dieses wandten wir meistenteils an — bestand darin, diese Erweiterung zu messen. Hiezu dienten „Messuhren" von Zeiss.

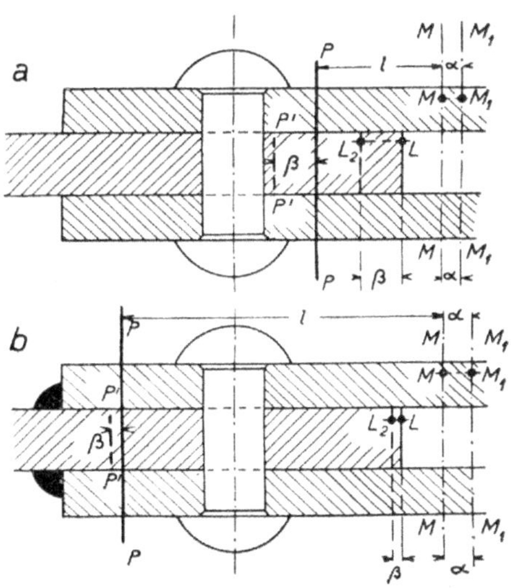

Abb. 81 und 81 a.
Vorgang bei der Erweiterung der Stoßfuge

Zur Klarstellung seien Abb. 77 und 78 auf die Verhältnisse mit Bezug auf die Fugenmitte umgezeichnet, siehe Abb. 81 und 81 a. *MM* sei die Mittellinie, ohne Spannung im Stab. Bei seiner Belastung dehnen sich die Laschen. Ihre Verlängerung ist wie bei jedem gewöhnlichen Stab $\triangle l = \varepsilon l$; ε ist gemäss dem Hookschen Gesetz $\varepsilon = \sigma : E$ ermittelbar. $\triangle l$ — wir nennen diese Grösse hier α in Anlehnung an Abb. 77 — kann bestimmt werden, sobald die Lage der Ebene *PP* bekannt ist, weil die Messlänge l bis dahin reicht. Die Mittellinie *MM* verschiebt sich bei gedehnten Laschen, von *PP* ausgehend um $\alpha = \varepsilon_m l$ nach $M_1 M_1$. Zum Wert der innern rel. Verschiebung α kommt β, diejenige der äussern hinzu, wie zu Abb. 77 erläutert. Daher wird die halbe Fugenweite um

$$\xi = \alpha + \beta$$

bei der Belastung grösser. α und β seien zunächst Werte der Federung. Nimmt die Fugenerweiterung bleibende Werte an, so ist

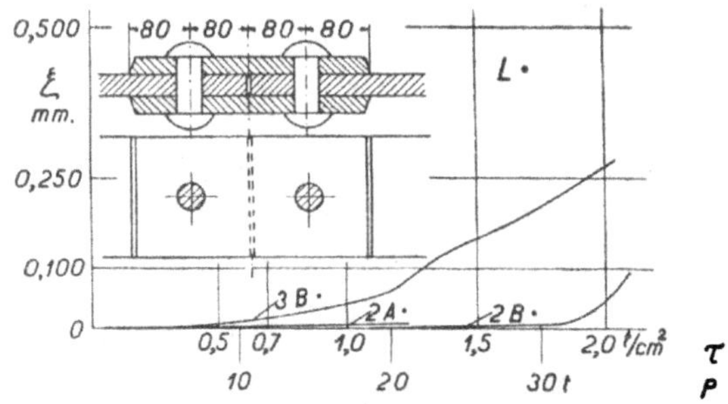

Abb. 82. Gesamte rel. Verschiebung eines Stabendes an der Stoßfuge für Stäbe *L*.

$$\dot{\xi}' = \alpha' + \beta'$$

wobei Abb. 81 im übrigen bestehen bleibt. (Auf Seite 63 oben ist indessen der Nachweis geleistet worden, dass für unsern Fall α bei allen Belastungen nur federnd ist und dies dürfte auch in der Praxis, d. h. bei ausgeführten Dampfkesseln zutreffen, sodass $\dot{\xi}' = \alpha + \beta'$).

In den Abb. 82 u. f. sind die gemessenen Werte für $\dot{\xi}$ bezw. $\dot{\xi}'$ ohne Kenntnis der einzelnen Summanden α, β bezw. α, β' auf-

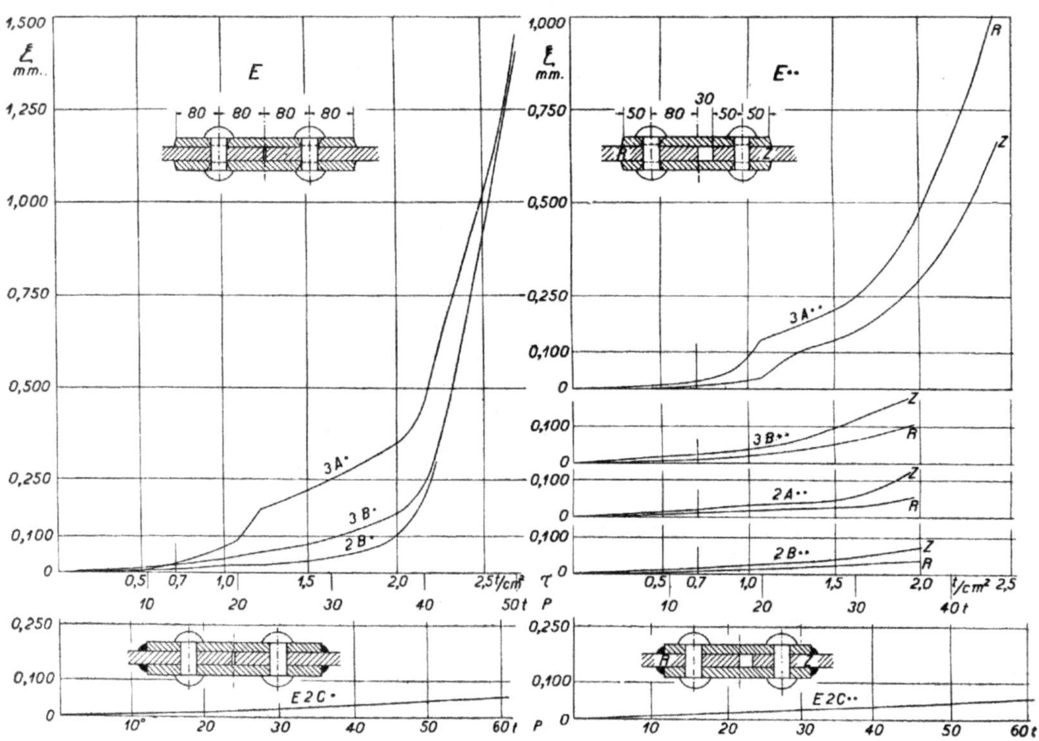

Abb. 83—89. Gesamte rel. Verschiebung eines Stabendes an der Stossfuge für Stäbe *E*. Oben links Abb. 83, oben rechts Abb. 84—87, unten Abb. 88 und 89.

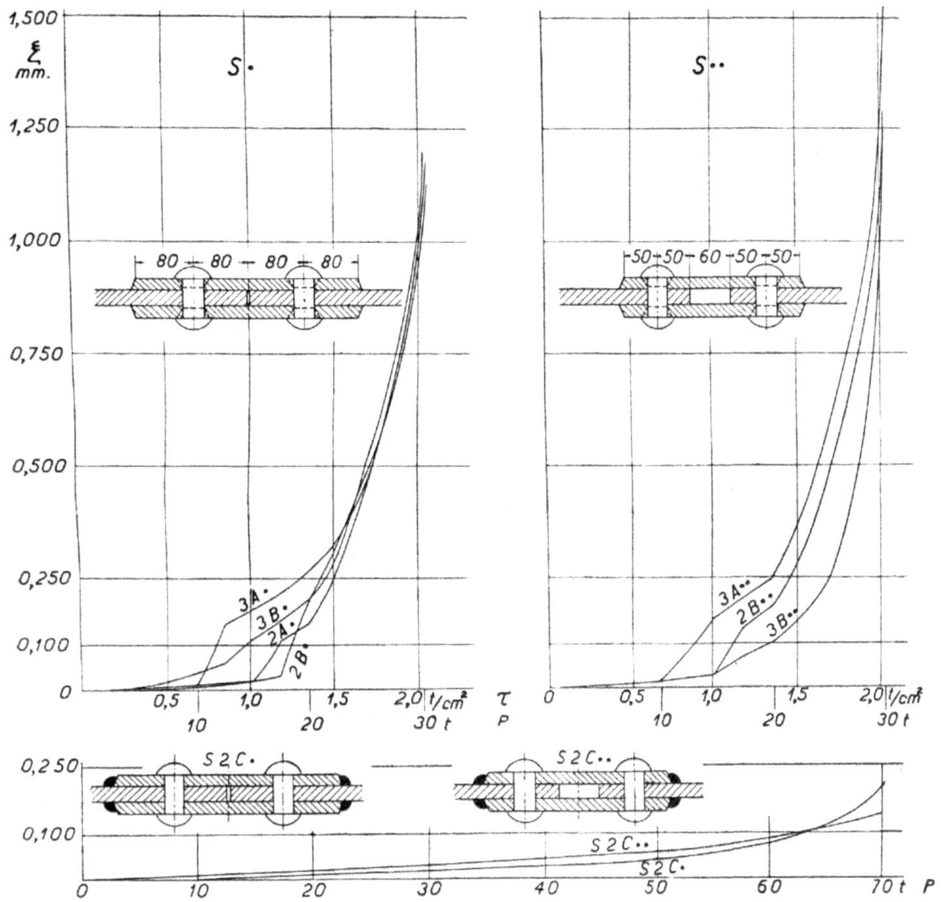

Abb. 90, 91 und 92. Gesamte rel. Verschiebung eines Stabendes an der Stossfuge für Stäbe S oben Abb. 90 und 91, unten Abb. 92.

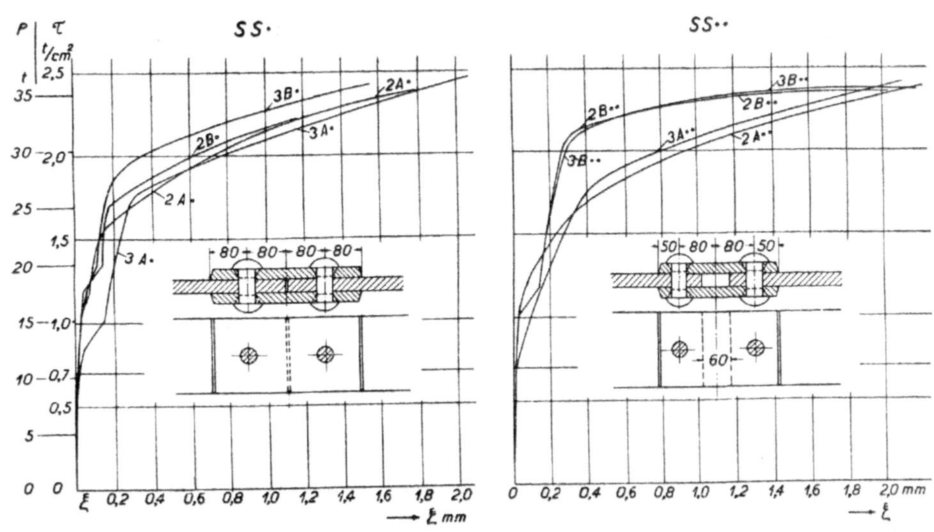

Abb. 93 und 94. Gesamte rel. Verschiebung eines Stabendes an der Stossfuge für genietete Stäbe SS. Die Koordinaten sind im Vergleich zu den vorangehenden Abbildungen vertauscht.

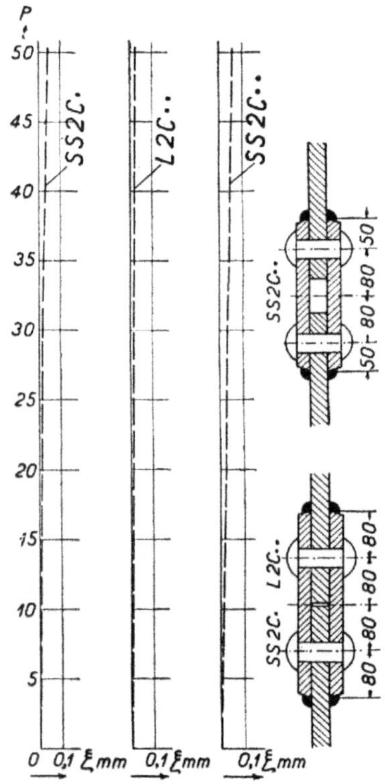

Abb. 95—97. Gesamte rel. Verschiebungen eines Stabendes an der Stossfuge für einige genietete Stäbe mit geschweissten Laschenrändern. Die Koordinaten sind im Vergleich der vorangehenden Abbildungen vertauscht

getragen. ξ ist die gesamte Fugenerweiterung für eine Stabhälfte, ξ' die bleibende, $\xi - \xi'$ die federnde. Im folgenden ist es dasselbe, ob von halber Fugenerweiterung oder rel. Verschiebung an der Stossfuge gesprochen werde.

Die von uns eingeschlagenen Verfahren geben nicht restlose Aufklärung über die Verschiebungsverhältnisse, genügen aber zur Bildung eines Urteils über die Eigenart einer Nietverbindung. (Diese Verfahren haben sich auch als zuverlässig erwiesen; hinsichtlich des letztgenannten vergleiche man u. a. die Uebereinanderlagerung mehrerer Verschiebungskurven bei Abb. 90 und 91, 93 und 94.) Uebrigens ergänzen sich beide Verfahren.

In den vorstehenden Abbildungen ist für jeden Stab eine Marke (*L*, *E*, *S* und *SS*) berücksichtigt. Ausserdem folgende Bezeichnungen:

2 Kopfnieten		3 versenkte Nieten
A unverstemmt	B verstemmt	C Randschweissung der Laschen.
gewöhnlicher Stab	••	Sonderstab im Hinblick auf Fugen und Zapfen.

Siehe auch Abb. 64.

Die Belastungen sind an der Abszissenachse sowohl in *t* als auch in *t* auf 1 cm² des Nietquerschnittes, wobei zwei Schnitte zu berücksichtigen waren, angegeben.

Bei den Abbildungen 93 bis 97 für die Stabserie *SS* sind, im Hinblick auf die Ausführungen zu Abb. 100 in Kap. 12, die Koordinaten im Vergleich zu den vorangegangenen Abb. vertauscht.

Die Schlüsse, zu denen diese Versuche führen, können ohne weiteres aus den vorstehenden Bildern abgeleitet werden. Wir wollen sie indessen nachstehend besprechen.

d) Verhalten gestemmter Nieten im Vergleich zu ungestemmten. Bei fast sämtlichen Stäben mit ungestemmten Nieten (Zeiger *a* oder *A*) jeder Art zeigte sich die rel. Verschiebung von Anfang an bleibend ($=\xi'$), was darauf hinweist, dass nur lockerer Verband der Berührungsflächen bestand. In solchen Fällen tritt äussere rel. Verschiebung sofort in die Erscheinung. Die Kurven mit Zeiger *A* liegen in der Regel ausserhalb von denjenigen mit *B*, d. h. die rel. Verschiebungen waren grösser für Stäbe mit ungestemmten Nieten. Bei den Stäben mit gestemmten Nieten (Zeiger *b* oder *B*) dagegen konnten bis zu mässigen Belastungen — diese gehen aus Zahlentafel XXIII, Seite 74, hervor — federnde Verschiebungen ohne bleibende festgestellt werden.

Bei einzelnen Stäben mit gestemmten Nieten ist der Verlauf der Verschiebungskurven stetig; bei ungestemmten Nieten dagegen sind meistens Sprungstellen vorhanden. Mit der Bezeichnungsweise: „Beginn des Gleitens", die sich in frühern Berichten über die Festigkeit der Nietverbindungen wiederholt, sind wohl solche Sprünge gemeint. Aus den vorliegenden Untersuchungen geht jedoch hervor, dass in allen Fällen bleibende Verschiebung, sehr oft erhebliche, dem Sprung vorangegangen ist. Zahlentafel XXIII lässt die Grössenordnung erkennen, in welcher sich die rel. Verschiebung bewegt — wir beschränken uns auf diese Angaben, wobei es sich um gestemmte Nieten handelt. (In der Tafel wird die ganze Fugenerweiterung $2\,\xi$ angegeben. Wenn bei den Abbildungen bloss auf die halbe ξ Bezug genommen wird, so geschieht dies mit Rücksicht auf die Angabe der Last in t/cm² des Nietquerschnittes.)

e) Einfluss des Spieles zwischen Nietschaft und Nietlochwand. Die Ursache, warum rel. Verschiebungen nicht federnd sind, kann zum Teil in dem zwischen Nietschaft und Lochwand vorhandenen Spiel liegen. Bei den Stäben *L* war erhebliche Federung festzustellen (Abb. 82, Tafel XXIII). Dies ist da der Fall, wo für

Zahlentafel XXIII. Gesamte und bleibende Verschiebungen bei den genieteten Stäben L 2 b •, E 2 b • und S 2 b • deren Nieten gestemmt, Laschen nicht gestemmt sind.

2ξ bedeutet gesamte, $2\xi'$ bleibende Verschiebung beider Stabhälften (gesamte Fugenerweiterung).

Last	Stab L 2 b •			Stab E 2 b •			Stab S 2 b •			Stab S S 2 b •		
insgesamt	Last aut 1 cm² Nietquerschnitt	2ξ	$2\xi'$	Last auf 1 cm² Nietquerschnitt	2ξ	$2\xi'$	Last auf 1 cm² Nietquerschnitt	2ξ	$2\xi'$	Last auf 1 cm² Nietquerschnitt	2ξ	$2\xi'$
t	kg/cm²	mm	mm	kg/cm²	mm	mm	kg/cm²	mm	mm	kg/cm²	mm	mm
2	117	0	0	110	0,003	0,001	132	0,002	0,001	132	0,001	0
5	292	0,001	0	276	0,008	0,002	332	0,004	0,002	332	0,006	0
7,5	439	0,002	0	414	0,012	0,002	496	0,009	0,004	496	0,009	0
10	585	0,002	0,001	552	0,017	0,003	662	0,014	0,006	662	0,014	0,002
15	877	0,005	0,001	829	0,027	0,004	993	0,035	0,021	993	0,077	0,055
20	1170	0,008	0,002	1100	0,039	0,009	1320	0,405	0,362	1320	0,285	0,252
30	1750	0,019	0,006	1650	0,086	0,036	1990	2,050	1,670	1990	1,325	1,100

Vernietungen die Gepflogenheit herrscht, das Loch nur um so viel grösser zu bohren, dass der warme Nietschaft knapp eingetrieben werden kann. Direkter Beweis für das Angedeutete liegt auch im Verhalten der Stäbe *S* einerseits, *SS* anderseits. Bei Stäben *S* waren für Rohnieten von 30 mm die Löcher 31 mm weit gebohrt, bei Stäben *SS* derselben Firma rd 30,5 mm. Wie Zahlentafeln XXIII und XXIV beweisen, verhielten sich die Stäbe *SS* länger rein federnd. Man vergleiche auch in den vorangehenden Abbildungen die Kurven, die den Stäben der Tafel XXIII zugehören mit denjenigen anderer Stäbe.

Zahlentafel XXIV. Erste festgestellte bleibende rel. Verschiebung ($2\xi'$) für Stäbe *S* und *SS*.

(Für gleiche Rohnieten von 30 mm waren die Nietlöcher 31 mm weit für *S* und rd 30,5 mm weit für *SS* gebohrt. Schliessdruck 8,3 t bei *S*, 8,8 t bei *SS*.)

Beschaffenheit	Stäbe *S*				Stäbe *SS*			
	P t	τ kg/cm²	2ξ mm	$2\xi'$ mm	P t	τ kg/cm²	2ξ mm	$2\xi'$ mm
2a•	5,0	332	0,009	**0,002**	10,0	662	0,023	**0,001**
2b•	2,0	132	0,002	**0,001**	10,0	662	0,014	**0,002**
3a•	5,0	332	0,007	**0,002**	7,5	496	0,016	**0,002**
3b•	5,0	332	0,017	**0,010**	10,0	662	0,018	**0,002**
2a••	10,0	662	0,041	**0,003**	10,0	662	0,033	**0,002**
2b••	2,0	132	0,004	**0,001**	7,5	496	0,016	**0,001**
3a••	2,0	132	0,004	**0,002**	5,0	332	0,012	**0,001**
3b••	2,0	132	0,002	**0,001**	2,5	165	0,007	**0,001**

(Da Zahlen für bleibende Verschiebung nicht das erste Ziel einer Messung bilden, sondern in zweiter Linie ermittelt werden, kann $2\xi'$ nicht konstant, z. B. 0,002 mm angesetzt und das übrige darauf eingestellt werden. Bessern Ueberblick bringt es, wenn für $2\xi' = 0{,}002$ mm die Grössen 2ξ und *P* in der Tafel berechnet werden. Dies sei dem Leser überlassen.)

Wenn Spiel fehlt, die Nietschäfte satt an den Wänden anliegen, werden die Druck-, Biegungs- und Scherwirkungen vom Material zunächst elastisch aufgenommen. Ist dagegen Spiel vorhanden, so erstreckt sich dieses offenbar nicht konstant auf die ganze Nietschaftlänge. Anliegende Stellen geringen Umfangs werden dann rasch gequetscht bezw. verstreckt. Allerdings scheinen Sprünge in erster Linie auf plötzliche Aufhebung des Spieles oder gemäss früherer Auffassung auf „Gleiten“ hinzudeuten.

f) Verhalten von Kopfnieten im Vergleich zu versenkten Nieten.

Bei den Stäben mit versenkten Nieten (Zeiger 3) treten bei gleicher Belastung grössere rel. Verschiebungen, sowohl federnde als auch bleibende, als bei solchen mit Kopfnieten auf, eine Feststellung ohne Ausnahme. Der Grund solchen Verhaltens kann folgender sein: Nieten können als eingespannte Balken betrachtet werden; auf sie wirkt das Blech in einer, die Laschen in anderer Richtung. Wären Blech und Laschen aus hartem Stahl und kein Spiel zwischen Nietschaft und Loch vorhanden, so würden praktisch nur Schubspannungen auftreten (Abb. 98—100). Da wir es aber mit elastischem und nach Ueberschreitung der Streckgrenze mit bleibend sich verformendem Blechmaterial zu tun haben, werden die Nieten verbogen, erst federnd, dann bleibend — Beweis in Abb. 102 und 103—109. Die Wirkung verbogener Nieten war auch an den verformten Nietlöchern erkennbar.

Die Durchbiegung eines Balkens hängt bekanntlich erheblich von der Art seiner Einspannung ab. Nieten mit Halbrundköpfen, insbesondere wenn diese verstemmt sind, sind viel besser eingespannt als versenkte Nieten. Bei diesen drehen sich die Kegelköpfe in ihrem Versenk ähnlich wie Gelenke in der Pfanne. Dies ergibt sich auch aus der Abb. 105 (Fall *c*); bei *b* stehen die Köpfe weniger stark zueinander geneigt. Die Verbiegung der Nieten verursacht Klaffen der Laschenränder. Das stärkere Durchbiegen von versenkten Nieten führt zu den erheblich grössern rel. Verschiebungen, die sich in den Bildern 83 bis 91 durch extreme Lage der Kurven (mit Zeiger 3) gegenüber denjenigen für Kopfnieten (mit Zeiger 2) ausdrücken. Man wird also auch künftig von der Verwendung versenkter Nieten absehen, womit man dem Wunsch der Werkstätte, die stets die Vereinfachung im Auge hat, sehr entgegen kommt.

g) Einfluss der Breite des Laschenrandes. Die Stäbe der Serien *E*, *S* und *SS* sind zur Hälfte mit schmalem Rand bei Stab und Laschen geliefert worden. Der Rand ist bei Stab und Laschen von Stäben S•• und *SS*•• 5,0 cm breit, oder, da der Nietdurchmesser 3,0 cm ist, 1,66 *d* breit (1,5 *d* üblich). Die Stäbe *E*•• sind zufällig mit hinsichtlich der Stabmitte unsymmetrischer Fuge geliefert worden, wie aus Abb. 84 bis 87 hervorgeht; *Z* schmaler Rand (1,47 *d* breit), *R* breiter Rand (2,3 *d* breit). Bei den übrigen Stäben ist der Rand 8 cm breit. Die Ergebnisse der Stäbe mit 5 cm Rand (Zeiger••) sind in Abb. 84--87, 91 und 94 aufgezeichnet, diejenigen der Stäbe mit 8 cm Rand (Zeiger•) in Abb. 83, 90 und 93. Die rel. Verschiebungen bei den Stäben mit schmalem Rand sind grösser als bei breitem. Insbesondere lassen dies auch die Kurven *R* und *Z* der Abb. 84—87 erkennen (mit Ausnahme von Stab *E* 3 *A*•• vielleicht ist hier eine der Nieten schlechter geschlagen).

Die Verschiebungskurven der Stäbe mit breitem Rand sind im obern Teil meistens übereinander gelagert (z. B. Abb. 90 S•), was darauf hindeutet, dass die Kräfte lediglich auf die Zerstörung der Nieten hinwirken. Dagegen verlaufen die Kurven für die schmalrandigen Stäbe (Abb. 91 und 94 z. B.) zerstreut, ein Zeichen dafür, dass die Kräfte ausser der Zerstörung der Nieten auch die Verformung der (schmalen) Laschen- bezw Blechränder bewirken. — Folgerungen im Kap. 12.

h) Bruchbelastungen und Lochleibungsdruck. Wir stellen Bruchlast und Scherfestigkeit in Zahlentafel XXV, den Druck, den der Nietschaft gegen die Lochwand bei der Bruchbelastung ausübt (Lochleibungsdruck), in Tafel XXVI zusammen.

(Die Stäbe *SS* unterscheiden sich in Bruchlast und Lochleibungsdruck nur sehr wenig von den Stäben *S*, weshalb die betr. Zahlen hinsichtlich des letztern weggelassen sind.)

Die Form der Nietköpfe und die Breite der Laschen nehmen, wie zu erwarten war, keinen Einfluss auf die Abscherung der

Zahlentafel XXV. Bruchlast bezw. Scherfestigkeit der Nieten.

		2 a•	2 b•	2c•	3 a•	3 b•	2a••	2b••	2c⁝	3a••	3b••
L	Bruchlast t	55,9	66,0	*	62,5	64,0	57,9	—	*	62,7	62,0
	Scherfestigk. t/cm²	3,27	3,86	—	3,65	3,74	3,39	—	—	3,66	3,66
E	Bruchlast t	67,9	69,0	*	72,5	72,5	67,5	70,5	*	72,0	71,5
	Scherfestigk. t/cm²	3,69	3,75	—	3,94	3,94	3,66	3,83	—	3,91	3,88
S	Bruchlast t	49,5	50,0	75	49,5	50,0	48,5	48,3	80	49,2	49,4
	Scherfestigk. t/cm²	3,37	3,40	—	3.37	3,40	3,30	3,28	—	3,35	3,32
SS	Bruchlast t	50,0	50,5	*	50,7	51,5	49,8	50,0	97	50,5	51,3
	Scherfestigk. t/cm²	3,52	3,56	—	3,57	3,63	3,51	3,52	—	3,56	3,61

Die genieteten und an den Laschenrändern verschweissten Stäbe, die mit * bezeichnet sind, sind bei 100 t Belastung weder gebrochen noch weisen sie von Auge erkennbare Veränderungen auf.

Zahlentafel XXVI. Druck des Nietschaftes auf die Lochwand (= P : ds) bei Stab und Laschen (Lochleibungsdruck)
bei in Tafel XXV angegebener Bruchlast *P*; die konisch erweiterten Löcher der versenkten Nieten sind nicht berücksichtigt.

			2 a•	2 b•	2c•	3 a•	3 b•	2 a••	2 b••	2c⁝	3 a••	3 b••
L	Stab	t/cm²	5,65	6,67	—	6,32	6,47	5,85	—	—	6,33	6,27
	Lasche	„	3,85	4,55	—	—	—	4,00	—	—	—	—
E	Stab	„	6,61	6,72	—	7,06	7,06	6,58	6,87	—	7,01	6,97
	Lasche	„	4,53	4,60	—	—	—	4,50	4.70	—	—	—
S	Stab	„	5 04	5,10	—	5,04	5,10	4,94	4,92	—	5,01	5,0
	Lasche	„	3,69	3,73	—	—	—	3,63	3,60	—	—	—

Nieten. Das Nietenmaterial war verschieden hart. — Hinsichtlich des Lochleibungsdruckes finden sich Folgerungen im Kap. 12.

4. Stäbe genietet, Laschenränder geschweisst.

Der Zeiger für diese Stäbe ist *C*; ihre Beschaffenheit geht aus Abb. 64 und den spätern hervor.

Durch das Verschweissen der Laschenränder mit dem Blech werden Spannungszustand und Festigkeit der betr. Nietverbindung von Grund aus geändert. Die rel. Verschiebungen sind gering, was mit grösster Deutlichkeit die Abb. 88 und 89, 92,

95 bis 97 beweisen. Die Erläuterung bringt Abb. 78 und insbesondere Abb. 81a (Fall b). Die Bezugsebene *(PP)* liegt in der Nähe der Schweissnaht; die Messlänge l und damit der Wert der innern rel. Verschiebung α ist im Vergleich zu Abb. 81 (Fall a) zwar grösser, derjenige der äussern rel. Verschiebung β jedoch — auf diese kommt es an — bedeutend geringer, weil die Schweissnähte hindernd wirken. Ueber die Festigkeit klärt Tafel XXV auf (2c• und 2c••); man beachte die Fussnote der Tafel. Kap. 17 behandelt diese Versuche im besondern.

Schlüsse aus den in Kap. 9 und 10 behandelten Versuchen sind im Hinblick auf den linearen Spannungszustand bei Stäben m Vergleich zum dreidimensionalen bei Wänden von Hohlkörpern zwar unmittelbar nicht übertragbar, praktisch erscheint es aber erlaubt, darauf gestützt, allgemeine Richtlinien zu ziehen.

5. Folgerungen. Bei Stäben, bei denen 1 Niete auf jede Stabhälfte entfällt, ist der Spannungszustand demjenigen von Stäben mit mehreren Nieten ähnlich. Was in Kap. 9 über Spannungszustand und rel. Verschiebungen hinsichtlich der letztgenannten Stäbe gesagt worden ist, gilt auch für diejenigen mit 1 Niete.

Rel. Verschiebungen stehen mit der Beschaffenheit der Nieten im Zusammenhang. Bei unverstemmten Nieten sind die äussern rel. Verschiebungen von Anfang an bleibend, bei verstemmten federnd. Sie sind bei unverstemmten Nieten bei gleicher Last grösser als bei verstemmten; Sprünge im Gang der Verschiebung treten früher auf. Den Verschiebungssprüngen gehen kleinere bleibende Verschiebungen voraus. Das Verhalten dicker im Vergleich mit dünnen genieteten Blechen lässt darauf schliessen, dass das Verstemmen der Nieten bei diesen wirksamer ist als bei jenen.

Bei versenkten Nieten sind, weil der versenkte Kopf schlechtere Einspannungsverhältnisse mit sich bringt, die rel. Verschiebungen grösser als bei Halbrundkopfnieten, denn zweischnittige Nieten können als eingespannte Balken betrachtet werden, sie sind ebenso sehr auf Biegung als auf Schub beansprucht (Kap. 12). Spiel zwischen Nietschaft und Lochwand begünstigt äussere rel. Verschiebung.

(Folgerungen über das Verhalten von genieteten Stäben, deren Laschenränder dicht geschweisst sind, in Kap. 17.)

11. Relative Verschiebungen.

Die zerstreuten Ausführungen über rel. Verschiebung sollen hier zusammengefasst werden.

1. Allgemeines. In bestehenden Abhandlungen über genietete Blechverbindungen wird die Erscheinung des Gleitens der Bleche gegen einander hervorgehoben. Der Gleitwiderstand sei ausschlaggebend für die Festigkeit einer Nietverbindung.

Bei Reibungsvorgängen gilt

$$P \leqq F_0 = \mu_0 \, G$$

(μ_0 die Reibungszahl der Ruhe, G die Kraft, die den betrachteten Körper auf die Unterlage presst), d. h. ein Körper bleibt in Ruhe, solange die Treibkraft (P) den Grenzwert der ruhenden (statischen) Reibung (F_0) nicht übersteigt. Es liegt nahe, diese Lehre auf Vernietungen zu übertragen, in der Annahme, dass Verschiebungen vernieteter Bleche gegen einander erfolgen, sobald die Reibung (F_0), die die Nietkräfte (G) hervorbringen, überwunden ist. Allerdings ist weder G noch μ_0 jemals in Zahlen bestimmt worden. Es ist auch zu bedenken, dass Einflüsse, die mit Reibung nichts zu tun haben, z. B. die Biegung der Nietschäfte, elastisches Nachgeben der Lochwandungen, das Verstemmen von Nieten und Blechrändern, mit zu berücksichtigen sind, sogar in erster Linie. Wir pflichten der Ansicht bei, „dass der Begriff des Gleitwiderstandes als ein recht unsicherer betrachtet werden muss.“ *)

2. Innere und äussere Verschiebungen in einer Nietnaht. Um nicht Vorausgegangenes über ungleiche Dehnung von Blech und Laschen einer Nietnaht, daraus sich ergebende rel. Verschiebungen, über die Stelle $\varepsilon_B = \varepsilon_L$ (Abb. 37, 42, 49, 55, 71), die Bezugsebene (PP), die mit ihrer Lage zusammenhängende Grösse der Nietbeanspruchung u. s. w. wörtlich wiederholen zu müssen, sei auf die Folgerungen zu Kap. 9 verwiesen. Die höhere Beanspruchung

*) Kögler, Versuche im Eisenbau, Ausg. B, Heft 1, 1915, Julius Springer, Berlin.

in den Nieten zu äusserst liegender Reihen ist damit begründet. Zur Veranschaulichung des Ausgeführten sei für Blech und Laschen Kautschuk, für die Nieten Glas als Material angenommen. Innere Verschiebungen treten dann, sobald belastet wird, augenfällig in die Erscheinung. Beim Nachlassen der Kraft stellt sich die ursprüngliche Form wieder ein. Analog verschieben sich, z. B. bei der Längsnaht eines Kessels, die Berührungsflächen örtlich bei jeder Druckänderung. Am weitesten verschiebt sich der Rand, auch wenn er gestemmt ist. Die Stemmkante hält dicht, weil sie ebenfalls elastisch sich verhält. Beim Vergleich der Nähte von Stäben, mit denjenigen von Kesseln und Behältern ist der Umstand zu berücksichtigen: Diese sind zweidimensional (genauer dreidimensional), jene eindimensional beansprucht.

Zum Begriff der äussern Verschiebung gelangen wir durch das Bild: Blech und Laschen aus Glas, Nieten aus Kautschuk Alle in einer Reihe liegenden Nieten müssen sich dann gleich verformen, die Nietlöcher sich gleich weit übereinander schieben. Dasselbe ereignet sich für Punkte, die in der Bezugsebene liegen. Ein solcher, er gehöre dem Blech als dem sich verschiebenden Teil an, besitzt nach der Verschiebung eine neue Lage, durch die eine neue Ebene $P' P'$ gelegt werden kann. (Abstand $P' P'$ von $P P$ in Abb. 77 und 81 mit β bezeichnet.)

Die gesamte rel. Verschiebung eines Punktes der Berührungsfläche von Blechen einer Nietnaht setzt sich aus der innern und der äussern zusammen ($\xi = \alpha + \beta$ bezw. $\alpha + \beta'$).

3. Federnde und bleibende Verschiebungen. Sowohl innere als äussere rel. Verschiebungen können federnd*) oder bleibend sein.

Innere rel. Verschiebungen sind normalerweise federnd. Sie werden an einem Stab bleibend, wenn Blech und Laschen sich infolge zunehmender Kräfte verstrecken (veranschaulicht in Abb. 40, 45 und 58); für Nähte von Dampfkesseln tritt dieser Fall unter gewöhnlichen Umständen nicht ein.

*) Auf die Federung von Nietverbindungen hat schon Preuss hingewiesen in der Schrift: „Festigkeit von Nickelstahlnieten“, Darmstadt 1909, Herbertische Buchdruckerei (Dr. A. Koch).

Aeussere rel. Verschiebungen sind bei Stäben mit gut gestemmten Nieten zuerst fast immer federnd, die höchste von uns festgestellte Grenze rein federnden Verhaltens lag zwischen 350 bis 500 kg/cm² mittlerer Nietbeanspruchung und betrifft verhältnismässig dünne Stäbe (Kap. 9). Bei dicken Blechen (Kap. 10) war die Federung geringer, Grenze bei 130—350 kg/cm² (entsprechend 2,5—5 *t* Last) mit Ausnahme weniger Stäbe (z. B. *L*2b • und *SS*2b • in Tafel XXIII), die länger federnd sich verhielten. Die Federung hängt ab vom Grad des Verstemmens der Nietköpfe und vom Umstand, dass der Schaft der geschlagenen Niete geringes Spiel im Nietloch besitzt.

Bleibende rel. Verschiebungen sind vielleicht auf Lockerung des Verbandes (Haftvermögens) der Berührungsflächen zurückzuführen. Sie können stetig und lautlos oder aber sprungweise, manchmal mit Geräusch, vor sich gehen, je nach der Güte der Nietung. Am unstetigen Verlauf der Verschiebungskurven, Abb. 82 bis 94, ist deutlich erkennbar, wann Sprünge in die Erscheinung treten. Sprüngen gehen geringe bleibende Verschiebungen voraus. Die in bestehenden Versuchsberichten stets und mit Sicherheit vorgebrachte Feststellung „Beginn des Gleitens" hat jedenfalls bloss die äussere bleibende und sprungweise vor sich gehende rel. Verschiebung im Auge. Damit ist nur eine der verschiedenen Verschiebungserscheinungen erfasst.

Erhebliche Federung, bis zu 20 *t* Last und darüber, ist jedoch bei den genieteten Stäben, deren Laschen am Rand geschweisst sind, festzustellen. Die äussere Verschiebung hängt hier nicht mehr von der Nachgiebigkeit der Nieten, sondern der Schweissnähte ab (Kap. 17).

Unterliegen Laschen und Blech verschiedenen Temperaturen, so kommen neue unbekannte Verschiebungen hinzu.

Die Hamburger Normen (1905) lassen als obere Grenze der Nietbeanspruchung 700 kg/cm² zu. Es hat sich für die von uns untersuchten Stäbe gezeigt, dass dabei die Grenze rein federnder rel. Verschiebungen bereits überschritten ist. Im übrigen erscheint diese Grenze gut gezogen und entspricht wünschbaren Verhältnissen.

12. Bleibende Verformungen.

1. Verformung der Nieten. Hierauf nehmen Abb. 103—105 Bezug. Niete *a* einschnittig, *b* und *c* zweischnittig durchgeschert (bei *c* ein Schnitt nicht durchgehend). Alle Nieten sind durchgebogen, am wenigsten die einschnittige, am meisten die mit versenkten Köpfen. Niete *a* (dem Stab III angehörend, Kap. 9) hat der Abscherung, weil einschnittig, wenig standgehalten; sie war, als Balken betrachtet, nur kurz, und zudem unsymmetrisch belastet; dies mögen mit die Gründe geringer Durchbiegung sein.

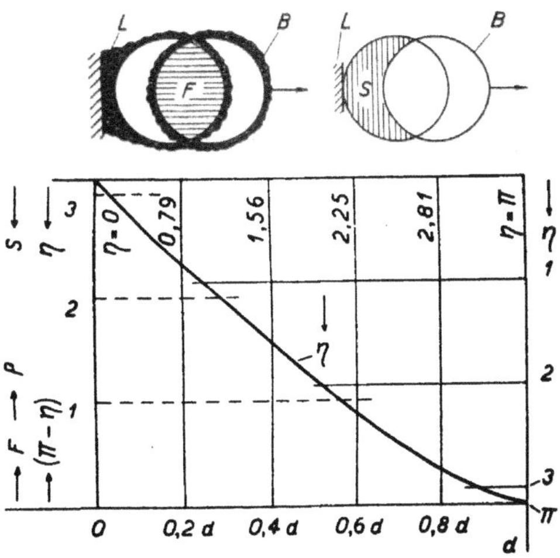

Abb. 98—100. Theoretische Arbeit bei reiner Abscherung von Nieten.

Man ist gewohnt, die Nieten auf Abscherung zu berechnen, anschauungsgemäss, denn das Produkt von Versuchen mit vernieteten Stäben bilden abgescherte Nietschaftstücke. Bei näherm Zusehen ergibt sich jedoch, dass zweischnittige Nieten innerhalb der Beanspruchungen, die für Kessel üblich sind, zur Hauptsache Biegung erleiden. Darauf deutet folgendes hin.

Abb. 98 veranschaulicht, wie eine durch Laschen festgehaltene Niete durch das Blech abgeschert wird. Der wirksame Nietquerschnitt F bezw. $2\,F$ vermindert sich mit fortschreitender Abscherung, wie in Abb. 98 und 99 angegeben, d. h. vom ursprünglichen Kreisquerschnitt F_a geht das wachsende Kreissichelstück S ab. Ist r der Halbmesser des Nietschaftes, so ist

$$F = r^2 \pi - S$$

$$S = r^2 \left(\pi - \frac{\pi}{180}\varphi + \sin\varphi\right) = r^2\,\eta \;{}^{*)}$$

$$F = r^2 (\pi - \eta)$$

Tragen wir in Abb. 100 von einer obern Abszissenachse die Werte η nach unten ab und ziehen durch den Höchstwert $\eta = \pi$

*) Hütte I. Band, Abschnitt Mathematik.

eine untere Abszissenachse, so stellen die unter der Kurve liegenden Ordinaten die Werte $(\pi - \eta)$ dar. Für den Einheitskreis $(r=1)$ sind die obern Ordinaten gleichbedeutend mit der Grösse der Fläche S, die untern Ordinaten mit F. Die Scherkraft $P = \tau F = \tau r^2 (\pi - \eta)$ kann für eine gegebene Niete ausgedrückt werden durch $P = C(\pi - \eta)$. Mit verändertem Maßstab sind somit die Ordinaten $(\pi - \eta)$ identisch mit der aufzuwendenden Scherkraft. Die unter der η-Kurve liegende Fläche bedeutet die für die Abscherung aufzuwendende theoretische Arbeit. Für zwei Nietschnitte sind die Ordinaten $(\pi - \eta)$ mit 2 zu vervielfachen.

Unter der andern Voraussetzung, die Nieten seien (kontinuierlich) belastete eingespannte Balken, ist die Durchbiegung

$$f = \frac{P}{EJ} \; \frac{l^3}{384}$$

Jedenfalls ist

$$f = cP \quad P = c'f$$

d. h. mit wachsender Belastung wird die Durchbiegung durch eine ansteigende Gerade ausgedrückt und umgekehrt.

Der Verlauf der Kurven der Abb. 82 bis 97 zeigt keine Aehnlichkeit mit dem Verlauf der $(\pi - \eta)$ Kurve gemäss Abb. 100, auch dann nicht, wenn die Koordinaten umgetauscht werden, wie bei Abb. 93 und 94. Bei diesen entsprechen die Ordinaten den aufgewendeten Kräften P, die Abszissen (ξ) dem Weg, d. h. der Verschiebung, beides analog der Abb. 100. Dagegen stimmt bei den Abb. 93 und 94 der Kurven-Anstieg im untern Teil ziemlich mit steil ansteigenden Geraden überein — entsprechend den Verhältnissen bei der Durchbiegung eines Balkens $(P = c'f)$.

Endlich erbringt Abb. 102 den unmittelbaren Beweis dafür,

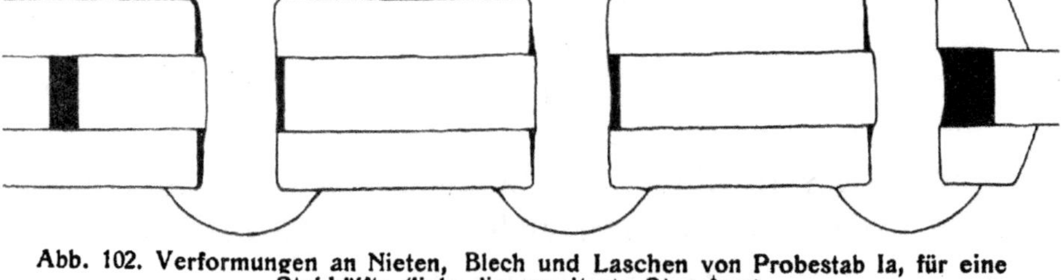

Abb. 102. Verformungen an Nieten, Blech und Laschen von Probestab Ia, für eine Stabhälfte (links die erweiterte Stossfuge).

dass die Nieten einer Doppellaschenverbindung ebensosehr auf Biegung als auf Abscherung beansprucht sind. Probestab *Ia* (Seite 38) ist nämlich nach dem Bruch entzwei gesägt, geätzt und photographiert worden. Die Abbildung ist genau nachgezeichnet. Die Durchbiegung der Nieten und die Quetschung des Materials von Stab und Laschen in den Nietlöchern ist deutlich sichtbar.

Die Hohlräume neben den Nieten sind durch Verstrecken der Nietlöcher entstanden. Die Verstreckung des Bleches in einer, der Laschen in der andern Richtung lässt sich aus der Ordnung der Hohlräume gut verfolgen. Diese Abbildung bestätigt das über rel. Verschiebungen sowie über Kräfte-Aufnahme und Abgabe durch die Nieten in Kap. 9 Gesagte.

Wenn künftig in dieser Schrift von Scherbeanspruchung die Rede ist, so geschieht dies übungsgemäss; zutreffender wäre, von Biegung zu sprechen.

2. Verformung der Laschen und des Blechs. Die sich verbiegenden Nieten verkrümmen auch die Laschen, was sich durch Abheben ihrer Ränder vom Blech bemerkbar macht. Bei versenkten Nieten klaffen die Laschenränder früher als bei Kopfnieten, was aus der Seitenansicht *E3a*••, Abb. 106 hervorgeht. Seitenansicht *III*, Abb. 107, nimmt Bezug auf den in Kap. 9 abgehandelten Stab *III*. Die kurze Lasche hat sich stärker gebäumt als die lange, diese war durch die einschnittige Niete ans Blech herangezogen. Die Verkrümmung der kurzen Lasche ist verursacht durch die Verbiegung der zweischnittigen Nieten.

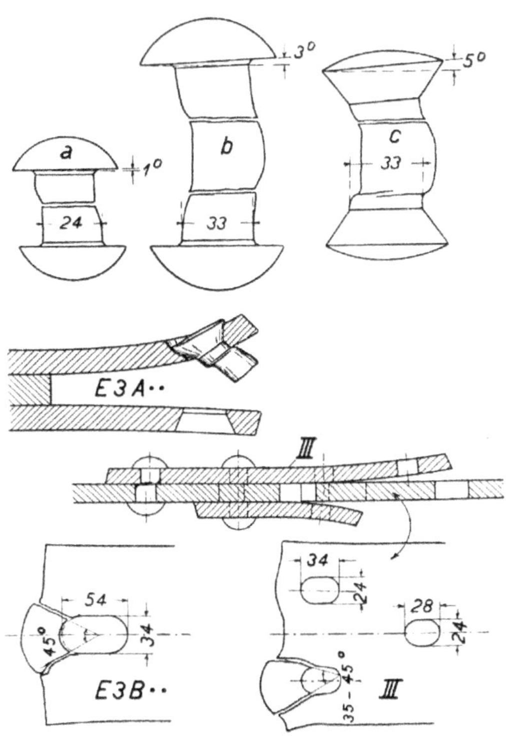

Abb. 103—109. Abb. 103—105. Bleibende Verformung von Nieten; Abb. 106—109 von Stäben.

Dagegen ist die einschnittige Niete, es ist Niete *a*, Abb. 103, in wenig verbogenem Zustand durchgeschert worden. Diese Verkrümmungen müssen bei der Beurteilung des in Abb. 49 veranschaulichten Spannungszustandes vor Augen gehalten werden.

Dem Druck des Nietschaftes gegen die Lochwand nachgebend, verlängern sich die Nietlöcher, Wulste werden angestaucht. Die Verlängerung hängt mit der Höhe des Druckes (des „Lochleibungsdruckes“) einerseits und von der Breite des Laschenrandes anderseits zusammen. In Zahlentafel XXVI sind die Lochleibungsdrücke $(P:sd)$ für zylindrische Nietlöcher angegeben. Lochverlängerungen waren bei den Stäben S ($s = 3{,}0$ cm, $d = 3{,}0$ cm) mit dem 8,0 cm breiten Rand (Lochleibungsdruck 4,9—5,1 t/cm²) praktisch nicht vorhanden. Bei den Stäben S, mit dem schmalen Rand von 5,0 cm, betrugen sie jedoch bis 4,5 mm (Lochleibungsdruck wie oben 4,9—5,1 t/cm²). Die Löcher der Laschen (Lochleibungsdruck 3,6—3,7 t/cm²) wurden dagegen in keinem Fall deformiert.

Mehr verlängerten sich die Löcher bei den Stäben E mit dickern Nieten ($d = 3{,}42$ cm bei gleichem $s = 3{,}0$ cm) und grösserm Lochleibungsdruck (6,6 bis 7,0 t/cm² für Stab, 4,5 bis 4,7 t/cm² für Laschen). Bei den Stäben E mit dem 8,0 cm breiten Rand betrugen die Lochverlängerungen höchstens 7 mm, bei den Stäben E mit dem schmalen Rand von 5,0 cm jedoch verlängerten sich die Löcher um 8 bis 54 mm, ein Loch wurde nämlich von 34 auf 54 mm, also um 20 mm gestreckt; es betrifft Stab $E3b\bullet\bullet$ der Abb. 108. Dabei wurde der Rand um 17 mm über die geradlinige Flucht hinaus getrieben, Stauchung des Randes somit um 20—17=3 mm. Aus dem Rand brach bei 71,5 t (Lochleibungsdruck 6,97 t/cm²) vor gänzlicher Abscherung der Niete ein keilförmiges Stück heraus; die Bruchflächen schliessen einen Winkel von rd 45° ein.

Auch bei Stab *III* (1 ½ fache Vernietung) presste eine der zweischnittig beanspruchten Nieten $d = 2{,}4$ cm, nach Verlängerung des Nietloches von 24 auf 33 mm, ein keilförmiges Stück aus dem Rand heraus, siehe Abb. 109. Die Bruchflächen bilden einen Winkel von 35—45°.

Aus diesen Erscheinungen ist zu schliessen, dass Blechdicke, Nietendicke und Randbreite in gewissem Zusammenhang stehen müssen; er lässt sich durch Formeln wohl schwerlich wiedergeben. Jedenfalls muss der Rand, um Rissbildung zu vermeiden, genügend breit gemacht werden. Ist der Nietendurchmesser nicht grösser als die Blechdicke und der Rand etwas breiter als 1,5 *d*, von Nietmitte aus gemessen, so ist für seine Austreibung nichts zu befürchten; die Nieten werden vorher abgeschert. Für dickere Nieten muss bei einreihiger Naht der Rand jedoch breiter sein als 1,5 *d*; bei dicken Blechen schon im Hinblick auf die geringere Dehnungsfähigkeit.*) Auch beim Probestab *III* mit $1\,{}^1\!/_2$ facher Vernietung war der $1\,{}^1\!/_2$ *d* breite Rand für das Blech zu schwach.

3. Folgerung. Zweischnittige Nieten werden bei der Verformung durchgebogen und dann abgeschert. Innerhalb der bei Dampfkesseln gebräuchlichen Beanspruchung erleiden solche Nieten zur Hauptsache Biegung. Einschnittige Nieten werden ohne erhebliche Verformung abgeschert.

Die übliche Randbreite von 1,5*d* — von Nietmitte aus gemessen — erscheint bei dicken Blechen zu gering. Wird der Nietdurchmesser grösser als die Blechdicke, so ist der Rand, soll Rissbildung vermieden werden, breiter als 1,5 *d* zu machen. Den Ansprüchen der Festigkeit würde $1{,}5\,d + 0{,}5$ cm für Bleche von 2—3 cm Dicke, und $1{,}5\,d + 1$ cm für dickere Bleche besser entsprechen. Dagegen genügt für die Ränder von Doppellaschen bei üblicher Dicke die Breite 1,5 d.

Als Druck des Nietschaftes gegen die Lochwand erscheint 1,5 t/cm², der vierte Teil desjenigen, bei welchem Zerstörung einer Nietverbindung erfolgt, zulässig.

---

*) **Baumann.** Untersuchungen an dicken Kesselblechen, Z. V. D. I., 1925, S. 743.

VI. Genietete Trommeln. Untersuchung von Nähten an Kesseln.

13. Erläuterungen zu den Dehnungsmessungen an Kesseln.

Um in den Spannungszustand von genieteten Nähten von Kesselmänteln Einblick zu bekommen, haben wir Dehnungsmessungen vorgenommen.

Wie derartige Messergebnisse auszuwerten sind, wurde im Jahresbericht 1923*) gezeigt. Wir erinnern daran, dass spezifische Dehnung und Spannung zusammenhängen gemäss

$$\sigma = \varepsilon E, \qquad 1)$$

wobei $\varepsilon = \Delta l : l$ und $E = 2\,150\,000$ kg. Ist $\varepsilon = 0{,}001$, so wird $\sigma = 2150$ kg/cm². Spezifische Dehnungen und Spannungen bilden also nur verschiedene Maßstäbe (hier auf der Ordinatenachse abgetragen) für das nämliche Bild. Die an der Wand eines durch Druck beanspruchten Hohlkörpers durch Messung ermittelte Spannung $\sigma = \varepsilon E$ ist die reduzierte Spannung, denn wir messen nur in einer Richtung, die Wand des Hohlkörpers ist aber in den drei Hauptrichtungen beansprucht. Wir bringen die gemessene Spannung in Zusammenhang mit derjenigen, die einem Stab die nämliche spezifische Dehnung ε erteilen würde; diese Vergleichs-Spannung wird als „reduzierte“ bezeichnet.

Den Spannungen geben wir, den Dehnungen entsprechend, die Zeichen

$\sigma_{a\,\mathrm{red}}$ reduzierte Achsialspannung am Mantel, in der Bildebene.

$\sigma_{t\,\mathrm{red}}$ reduzierte Ringspannung (Tangentialspannung) am Mantel, senkrecht zur Bildebene.

$\sigma_{m\,\mathrm{red}}$ reduzierte Meridianspannung am Boden, in der Bildebene,

$\sigma_{u\,\mathrm{red}}$ reduzierte Ringspannung (Umfangsspannung) am Boden, senkrecht zur Bildebene.

Für den Zylindermantel gilt im vollen Blech und unterVernachlässigung der Hauptspannung in radialer Richtung σ_r,

*) „Ueber die Festigkeit elektrisch geschweisster Hohlkörper“, S. 77 und ff. Verlag Julius Springer, Berlin.

$$\sigma_{t\,\mathrm{red}} = \sigma_t - \nu\,\sigma_a = \sigma_t - 0{,}5\;\nu\,\sigma_t = 0{,}85\;\sigma_t \qquad 2)$$

$$\sigma_{a\,\mathrm{red}} = \sigma_a - \nu\,\sigma_t = \sigma_a - 2\;\nu\,\sigma_a = 0{,}40\;\sigma_a = 0{,}20\;\sigma_t \qquad 3)$$

Für den Halbkugelboden, als Hälfte einer Hohlkugel aufgefasst

$$\sigma_{m\,\mathrm{red}} = \sigma_{u\,\mathrm{red}} = \sigma_m - \nu\,\sigma_u = 0{,}70\;\sigma_m = 0{,}70\;\sigma_u$$

wobei

$$\nu = \frac{1}{\mathrm{m}} \cong 0{,}3$$

Umgekehrt werden Spannungen aus reduzierten Spannungen ermittelt gemäss

$$\sigma_t = \frac{\sigma_{t\,\mathrm{red}} + \nu\,\sigma_{a\,\mathrm{red}}}{1 - \nu^2} \qquad 4)$$

$$\sigma_a = \frac{\sigma_{a\,\mathrm{red}} + \nu\,\sigma_{t\,\mathrm{red}}}{1 - \nu^2} \qquad 5)$$

In einer überlappten Nietverbindung oder einer solchen mit Laschen besitzt σ_a nicht mehr den Wert 0,5 σ_t wie im vollen Blech; σ_a ist dann kleiner, und somit $\sigma_{t\,\mathrm{red}}$ nicht mehr $= 0{,}85\;\sigma$ sondern liegt zwischen 0,85 σ_t und σ_t. Zugspannungen werden mit +, Druckspannungen mit — bezeichnet.

14. Der Spannungszustand der überlappten Längsnaht eines Kessels.

Die von uns untersuchte Naht ist nach Beschaffenheit und Grösse in Abb. 112 und 113 dargestellt. Betriebsdruck des Kessels 10 at.

		Probedruck 10 at	15 at
σ_t	im vollen Blech, gerechnet $\left(\sigma_t = \frac{\mathrm{ap}}{\mathrm{s}}\right)$	551 kg/cm²	828 kg/cm²
$\sigma_{t\,\mathrm{red}}$	im vollen Blech, gerechnet (0,85σ_t)	469 kg/cm²	704 kg/cm²
$\sigma_{t\,\mathrm{red}}$	durch Messung bei Punkt 8 ermittelt	1216 kg/cm²	1841 kg/cm²
Die durch Messung ermittelte Spannung überwiegt die gerechnete um das		2,6	2,61 fache

Bei der überlappten Vernietung treten also Biegungskräfte von erheblicher Grösse auf, sie suchen die Naht an der Kante zu öffnen. Die unmittelbar vor der überlappten Naht aussen (bei B, Abb. 112) durch Messung erhaltene Zugspannung in tangentialer Richtung erreicht bei diesem Kessel die 2,6 fache Höhe derjenigen, die sich durch Rechnung ergibt. Auf der Innenseite des Blechs ist die Spannung nach Art und Grösse unbekannt; sie muss kleiner sein als aussen, ist vielleicht negativ (Druck). Beim gegenständigen Rand (A) ist die gemessene Dehnung und daher Spannung aussen ∾ 0, ebenfalls infolge von Biegungskräften. Um so höher muss die an der Innenseite auftretende Zugspannung sein.

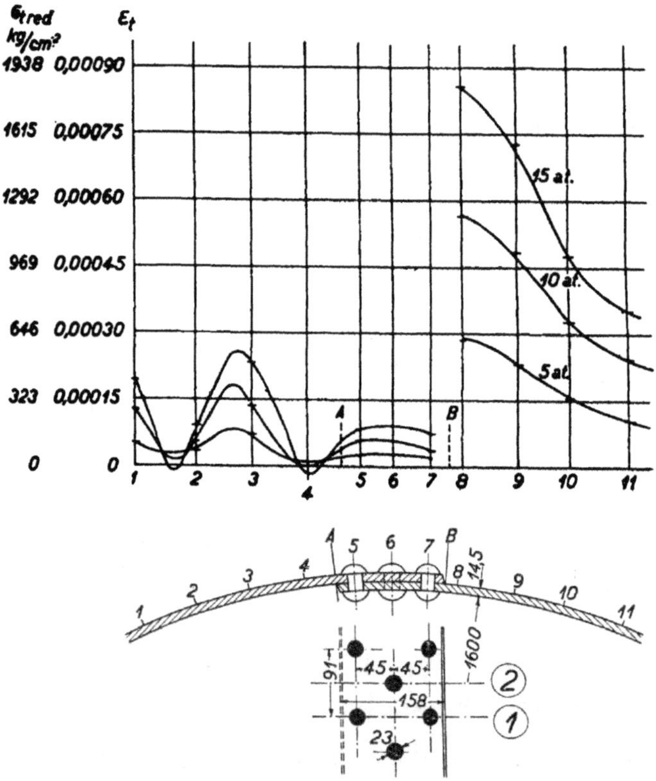

Abb. 111—113. Abb. 111. Spannungszustand der überlappt genieteten Naht eines Dampfkessels, aussen. 112 und 113 Beschaffenheit der Naht.

Ganz ähnliche Feststellungen wie an der vorliegenden Nietnaht haben wir schon früher (1923) bei einer überlappt geschweissten gemacht. Damals hat der Verfasser den Gang der Rechnung beschrieben, gemäss welcher Spannungen an der innern Wandseite bestimmt werden können, nachdem diejenigen an der Aussenseite bekannt sind.*)

Die gefährliche Stelle der Nietverbindung gemäss Abb. 112 liegt offenbar in der Naht bei B; die Biegungsspannungen machen

*) „Ueber die Festigkeit elektrisch geschweisster Hohlkörper“, S. 87 und 124.

nämlich am Blechrand nicht Halt, sondern steigen noch gegen die Nietreihe hin, wie die Abbildung erkennen lässt. Die Spannungen (Abb. 111) erreichen in der Mitte der Naht eine Höchststelle. Dies ist auf Biegung zurückzuführen.

Wellen, wie von den Spannungen zwischen Meßstellen 1—4 gebildet, haben wir bei allen untersuchten Nähten, und zwar rechts und links davon festgestellt; hier sind sie links besonders stark ausgeprägt; Grund: das Blech war unregelmässig gewölbt, was schon von Auge feststellbar war.

Folgerung. Ueberlappt genietete Längsnähte von Zylindermänteln sind erheblichen Biegungskräften unterworfen. An dem von uns untersuchten Kessel mit 1,45 cm Wandstärke traten so hohe Biegungsspannungen auf, dass in der Nähe des einen Blechrandes aussen die durch Messung ermittelte Zugspannung in tangentialer Richtung die rechnungsmässig sich ergebende um das 2,6 fache überschritt. In der Nähe des andern Blechrandes war die Spannunng $\sim 0\ kg/cm^2$, um so grösser muss diese auf der Innenseite sein.

Soll Bruchgefahr vermieden werden, so ist das Blech genügend dick, der Sicherheitsfaktor (x) entsprechend hoch zu wählen. Die von den Hamburger Normen (1905) für überlappte Vernietung vorgeschriebenen Sicherheitsfaktoren $x = 4{,}75$ bezw. 4,5 sind unseres Erachtens zu niedrig.

15. Der Spannungszustand von Längsnähten mit Laschenvernietung.

1. Doppellaschen-Nietung, 3 Reihen.

Abb. 114 zeigt das Spannungsbild über eine Längsnaht eines Dampfkessels von 25 at Betriebsdruck. Bei der Druckprobe wurde der Druck bis 36 at erhöht. (Das Mantelblech ist etwas dicker als die Hamburger Normen vorschreiben würden.) Die äussere und innere Lasche ist gleich breit, die Zahl der Nieten die nämliche bei beiden (Abb. 115 und 116).

Bei $p = 36$ at ist rechnungsmässig

σ_t	im vollen Blech	$(= ap : s)$	$= 818$ kg/cm²
$\sigma_{t\,\text{red}}$	im vollen Blech	$(= 0{,}85\sigma_t)$	$= 695$ kg/cm²

Gefunden durch Messung		Messebene (1)	Messebene (2)
Messpunkte 1	$\sigma_{t\,\text{red}}$	$= 610$ kg/cm²	575 kg/cm²
Messpunkte 4	$\sigma_{t\,\text{red}}$	$= 790$ kg/cm²	720 kg/cm²

Die Werte für Messpunkte 4 deuten auf das Vorhandensein von Biegungsspannungen hin; diese sind jedoch von geringer Grösse. Ausserhalb von Messpunkten 1 würde die Spannung Wellenform

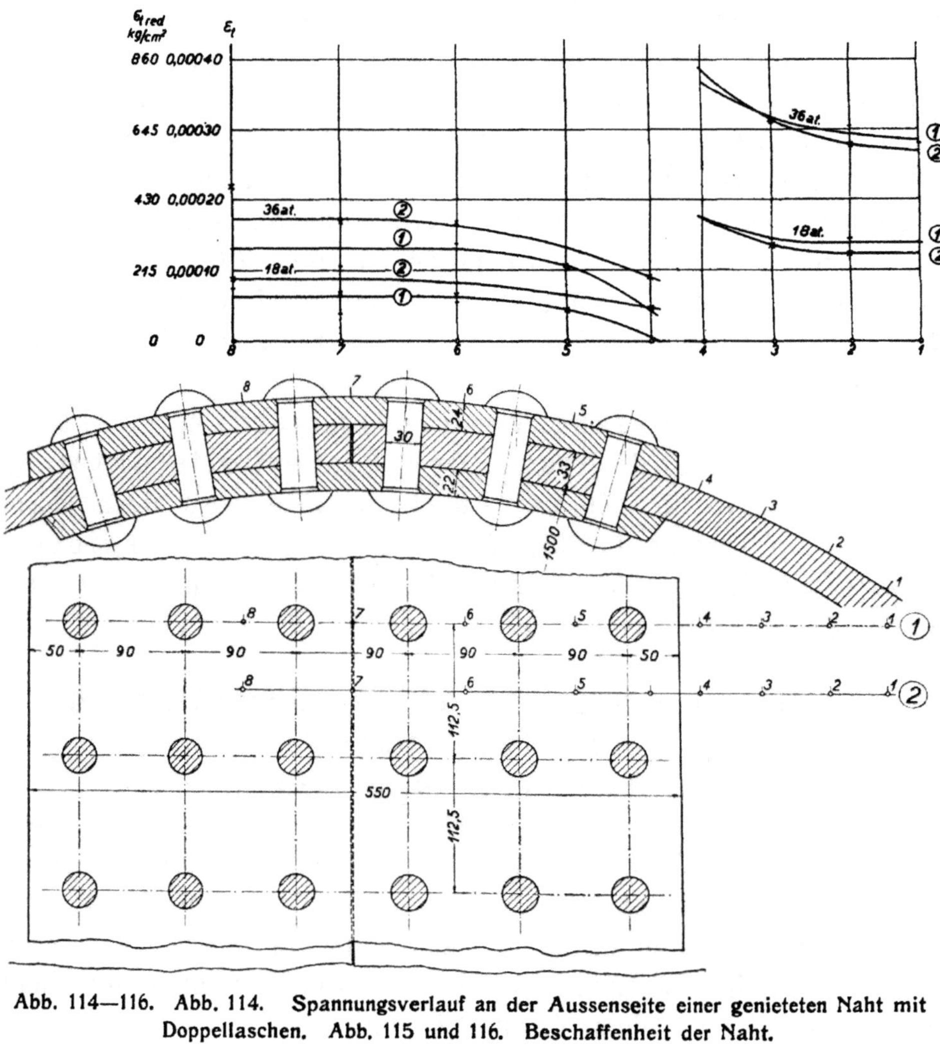

Abb. 114—116. Abb. 114. Spannungsverlauf an der Aussenseite einer genieteten Naht mit Doppellaschen. Abb. 115 und 116. Beschaffenheit der Naht.

annehmen (bei den Messpunkten 1 bleibt die Spannungshöhe unter der gerechneten).

Die gerechneten Spannungen in den Laschen sind: In der Mittelebene (Messpunkte 7)

σ_L (in tangentialer Richtung) $=$ 587 kg/cm²

$\sigma_{L\,\mathrm{red}}$ „ „ $\lesssim$ 500 kg/cm²

($\sigma_{L\,\mathrm{red}}$ kann, weil $\sigma_{a\,\mathrm{red}}$ nicht gemessen wurde, nur schätzungsweise angegeben werden und dürfte zwischen 500 und 587 kg/cm² liegen, eher bei 500 kg/cm²).

Durch Messung gefunden	Messebene (1)	Messebene (2)
Messpunkte 7, $\sigma_{L\,\mathrm{red}} =$	285 kg/cm²	365 kg/cm²

aussen also bedeutend weniger als gerechnet. Demgemäss wäre die innere Lasche umso stärker beansprucht. (Der kleine Unterschied von 2 mm in der Laschendicke ist schwerlich die Ursache des grossen Unterschiedes in der Spannung.)

In den Laschen steigt die Spannung von einem Anfangswert am Rand in ziemlich gleichmässiger Kurve bis zu einem Höchstwert in der Mitte. Der Anstieg geschieht am raschesten in der Nähe der ersten Reihe, was die Feststellungen von Kap. 9 bestätigt, nämlich dass die Nieten dieser Reihe den grössten Teil der Kräfte des Bleches an die Laschen übertragen. Am schwächsten scheinen die Nieten der dritten Reihe an dieser Uebertragung beteiligt zu sein; man beachte den flachen Verlauf der Kurven an jener Stelle.

Die Spannungen in der Messebene (2), — diese liegt zwischen zwei Nietketten — sind höher als diejenigen der Messebene (1) letztere mit der Mittelebene durch eine Nietkette zusammenfallend.

2. Doppellaschen-Nietung, sog. 1½ fache Vernietung.

Der Spannungsverlauf ist in Abb. 117 erkennbar. Der Kessel wird mit 12 at betrieben.

Bei 18 at Probedruck ist die gerechnete Spannung

im vollen Blech σ_t = 836 kg/cm²

im vollen Blech $\sigma_{t\,\mathrm{red}}$ = 710 kg/cm²

im Blech in der äussern Nietreihe $\sigma_{t\,1}$ = 1005 kg/cm²

im Blech in der äussern Nietreihe $\sigma_{t\,1\,\mathrm{red}}$ zwischen 860 und 1000 kg/cm²

Gemessen bei Meßstellen (6) (bei der äussern Nietreihe), wurde 1020 kg/cm²
und zwar ungefähr gleich für beide Messebenen (1) und (2).

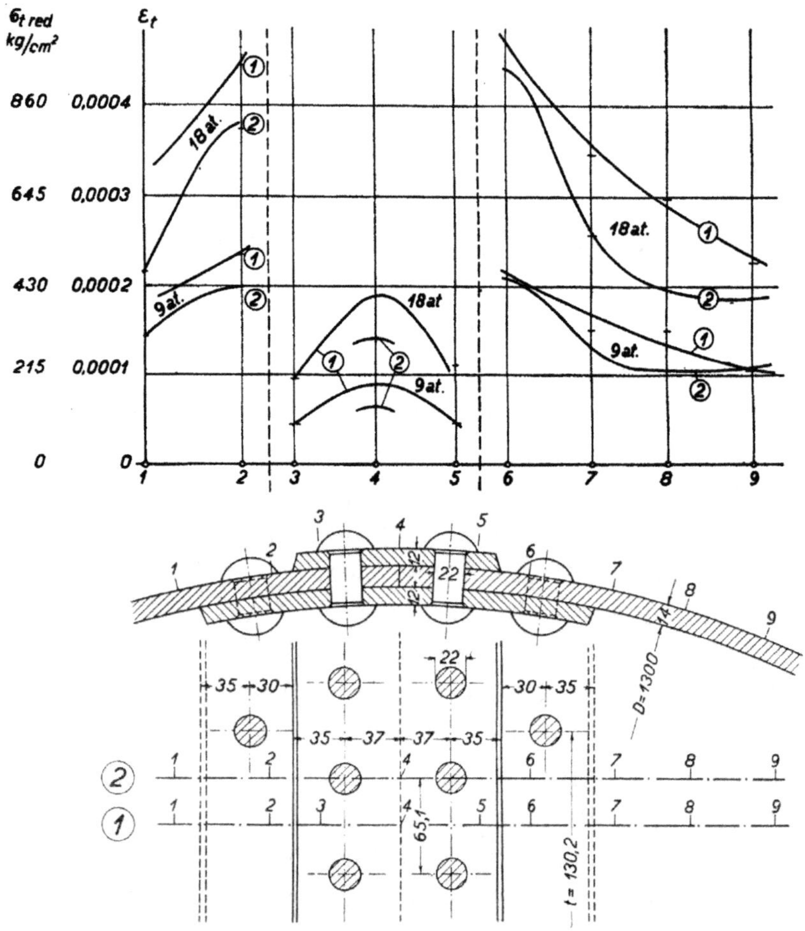

Abb. 117—119. Abb. 117. Spannungsverlauf an der Aussenseite einer sog. $1^1/_2$ fachen Nietnaht. Abb. 118 und 119 Beschaffenheit der Naht.

Das Ergebnis der Messung deckt sich hier fast genau mit demjenigen der Rechnung. Das Charakteristische des Spannungsverlaufs im Blech ist der Anstieg der Spannungen gegen die Naht bezw. die schmälere Lasche hin. Da die Laschen ungleich breit sind, müssen Biegungsspannungen in die Erscheinung treten, in gleicher Weise wie bei Stäben (Kap. 9, Abb. 49 und zugehörige Beschreibung). Jenseits von Messpunkt 9 wird der Kurvenverlauf wellenförmig.

In der Laschen-Mittellinie, Punkt 4, ist

σ_L gerechnet (tangentiale Richtung) = 487 kg/cm²

$\sigma_{L\,\mathrm{red}}$ gerechnet „ „ = 415 kg/cm²

Gemessen $\sigma_{L\,\mathrm{red}}$ „ „ = 406 kg/cm²

Hier herrscht ziemliche Uebereinstimmung.

Den Punkten der Messebene (1) kommen höhere Spannungen zu als denjenigen von Messebene (2), erstere liegt zwischen der Nietenkette, letztere innerhalb derselben.

3. Doppellaschen-Nietung, sog. 2½ fache Vernietung.

Abb. 120 zeigt die Art des Spannungsverlaufs. Betriebsdruck des Kessels 14 at.

Bei 18 at ist die gerechnete Spannung

σ_t im vollen Blech = 776 kg/cm²

$\sigma_{t\,\mathrm{red}}$ im vollen Blech = 659 kg/cm²

Eine Horizontale mit der Ordinate 659 kg/cm² würde im Spannungsplan die obere Gruppe der wellenförmigen Spannungslinien mitten durch schneiden; Rechnung und Messung stimmen somit überein.

Am Auseindertreten der Spannungslinien für die Messebenen (1), (2), (3), in der Nähe der Naht ist erkennbar, dass jede Niete die Spannung im umliegenden Blech örtlich beeinflusst. Im vollen Blech fallen diese Linien ineinander.

Der rasche Anstieg der Spannung vor der äussern Lasche in Messebene (2) lässt im Einklang mit frühern Feststellungen auf Biegung schliessen. Dagegen senken sich die Spannungen von Messebenen (1) und (3) vor der äussern Lasche. Punkt 8 von Messebene (3) liegt unmittelbar vor einer Niete.

In der Laschenmitte, Punkt 4, ist

σ_L gerechnet (tangentiale Richtung) = 469 kg/cm²

$\sigma_{L\,\mathrm{red}}$ gerechnet „ „ ∼ 400 kg/cm²

Gemessen, Messebene (2) $\sigma_{L\,\mathrm{red}}$ „ ∼ 300 kg/cm²

Für die grösste Spannung in den Laschen — sie fällt in die Laschenmitte — ist das durch Messung ermittelte Ergebnis kleiner als das der Rechnung. Diese Feststellung ist nicht ganz neu. Bei der 1½ fachen Vernietung, Abb. 117, ist es die näm-

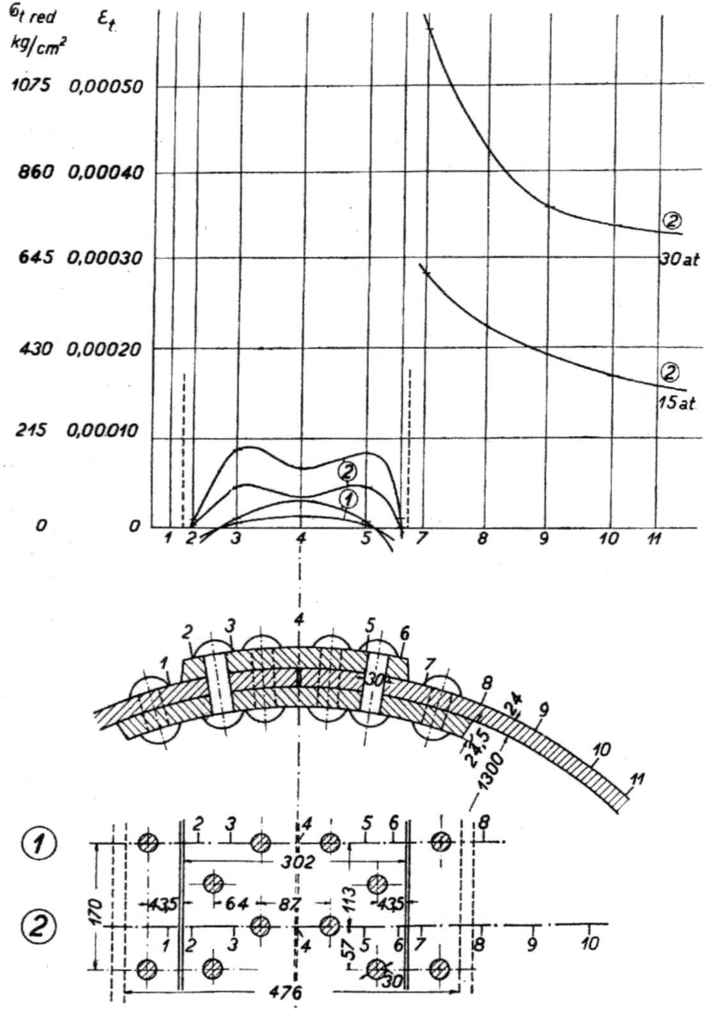

Abb. 123—125. Abb. 123. Spannungsverlauf an der Aussenseite einer sog. $2^1/_2$ fachen Nietnaht, weiteres Beispiel. Abb. 124 und 125. Beschaffenheit dieser Naht.

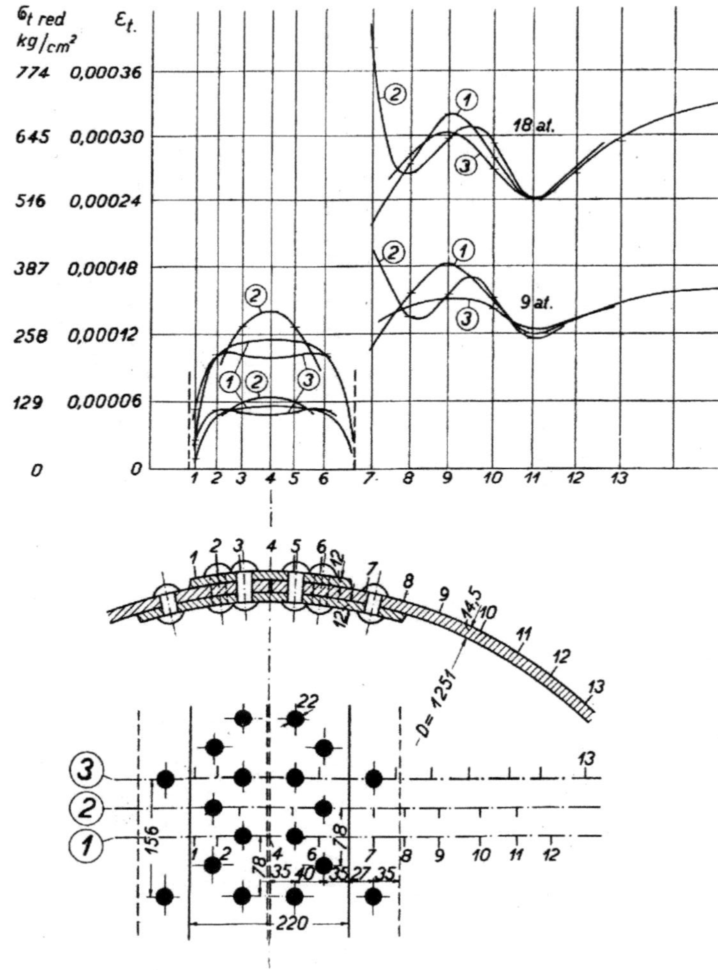

Abb. 120—122. Abb. 120. Spannungsverlauf an der Aussenseite einer sog. $2^1/_2$ fachen Nietnaht. Abb. 121 und 122. Beschaffenheit der Naht.

liche, wenn auch der Unterschied der Werte geringer ist als hier. Zur Begründung sei an das Verhalten von Stäben bei ihrer Verstreckung erinnert, Kap. 12, z. B. Abb. 107 für die Verstreckung von Stab III. Die schmälere Lasche bäumt sich aussen bei der Verstreckung. Ihre äussere Faser in der Mittelebene erfährt infolge von Biegung eine Verminderung der Zugspannung. Die ersten Biegungsspannungen äussern sich, wenn wir alle diese Erscheinungen in Einklang bringen, schon im elastischen Zustand.

4. Doppellaschen-Nietung, $2^1/_2$ fach, weiteres Beispiel.

Abb. 123 lässt das Spannungsbild erkennen. Der Kessel wird mit 25 at betrieben. Bei 30 at Probedruck ist rechnungsgemäss

σ_t im vollen Blech $=$ 813 kg/cm²

$\sigma_{t\,red}$ im vollen Blech $=$ 691 kg/cm²

Eine Horizontale mit der Ordinate 691 kg/cm² würde die obere Spannungslinie (2) so schneiden, dass diese zum grössten Teil darüber liegt. Die red. Spannung (2) steigt bei Messpunkt 7 bis zu 1220 kg/cm². Wenn zwischen Punkten 8 und 7 die Blechschwächung durch die Nietlöcher berücksichtigt wird, so ist rechnungsgemäss ($z = 0{,}82$)

$\sigma_{t\,1}$ (in der ersten Nietnaht) $=$ 988 kg/cm²

$\sigma_{t\,1\,red}$ „ „ „ „ $\sim$ 840 kg/cm²

Die gemessene Spannung (Messebene (2), obere Kurve) überschreitet mit ihrem Höchstwert (1200 kg/cm²) auch diesen gerechneten Wert ($\sigma_{t\,1\,red} = 840$ kg/cm²) erheblich. Der Einfluss der Biegung zwischen Punkten 8 und 7 ist damit im Einklang mit früherem nachgewiesen.

Für die Laschenmitte, Punkt 4, ergibt sich rechnungsgemäss in tangentialer Richtung

σ_L $=$ 398 kg/cm²

$\sigma_{L\,red}$ $\sim$ 338 kg/cm²

gemessen bei Punkt 4 $\sigma_{L\,red}$ $=$ 140 kg/cm²

„ „ „ 5 $\sigma_{L\,red}$ $=$ 188 kg/cm²

Die durch Messung festgestellte Spannung in der schmalen Lasche ist kleiner als die gerechnete, in Uebereinstimmung mit dem zu Abb. 120 Gesagten. Die Einsenkung der Spannungskurven über der Laschenmitte bestätigt insbesondere, dass die in Abb. 107 veranschaulichten Biegungserscheinungen für Laschen von Stäben auch an solchen von Kesseln fühlbar sind, und zwar schon im elastischen Spannungszustand.

Der Verlauf der Spannungen in der Messebene (2) in Vergleich gestellt mit denjenigen von (1) zeigt den Einfluss der Nieten.

Folgerung. Die Ergebnisse der Messung decken für die Laschen-Nietung keine aussergewöhnlichen Erscheinungen auf. Die Ergebnisse stimmen ziemlich gut überein mit denjenigen der Rechnung. Biegungsspannungen im Blech vor den Laschenrändern (aussen) waren bei allen untersuchten Nähten feststellbar, in höherm Mass da, wo die innere Lasche breiter ist als die äussere. Ausserhalb der Laschenränder gegen das Blech hin zeigen die Spannungen stets wellenförmigen Verlauf.

Die äussere Lasche ist meistens weniger stark beansprucht als die Rechnung ergibt, die innere wahrscheinlich umso stärker.

Das Verhalten der Spannungen im Blech vor dem Laschenrand und in der Mitte der äussern Lasche wird durch die Annahme erklärt, dass die Laschenwölbung mit zunehmendem Innendruck abnimmt, d. h. dass die Laschenverbindung flacher wird. Dies würde darauf hindeuten, dass innere Laschen dicker als äussere gewählt werden sollten.

Die Spannung in der äussern Lasche nimmt vom Laschenrand nach der Mittellinie zu nach Massgabe der Spannungsübertragung durch die Nieten der vorgelagerten Reihen. Bei Kettenanordnung der Nieten ist die Spannung in den Gassen zwischen den Ketten grösser als in der Ebene durch ein und dieselbe Kette. Die Spannung in Blech und Laschen in unmittelbarer Nähe der Nieten wird durch diese letztern beeinflusst.

16. Der Spannungszustand einer Bodenrundnaht, eines Bodens und Mantels.

1) Spannungszustand des Bodens.

Der Boden gehört zum nämlichen Dampfkessel, auf dessen Längsnaht Abb. 115 u. 116 Bezug nehmen. Betriebsdruck 25 at. Abb. 126 u. 127 geben über die Messergebnisse Aufschluss.

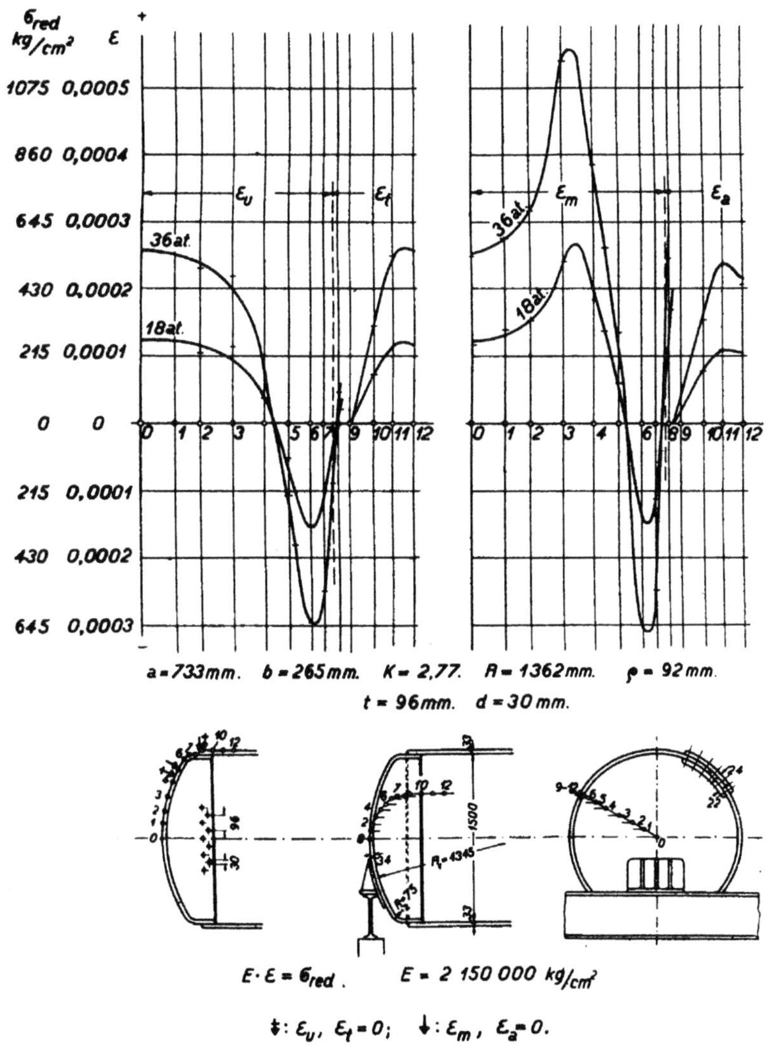

Abb. 126—130. Abb. 126 u. 127 Spannungszustand an der Aussenseite eines Bodens, der Bodenrundnaht und am Mantelende. Abb. 128 - 130 Beschaffenheit des Bodens.

An diesem Boden nehmen die Spannungen ganz denselben Verlauf, den wir früher bei verhältnismässig dünnen und stumpf an Zylindermäntel angeschweißten Böden gefunden haben.

Die Ringspannung $\sigma_{u\,red}$ fällt beim Fortschreiten vom Bodenscheitel gegen die Krempe hin bis 0, äussert sich in der Krempe selber als Druck, u. wechselt das Vorzeichen nochmals in der Nähe der Rundnaht. Der Bereich der Kurve $\sigma_{u\,red}$ erstreckt sich über denjenigen der Messlinie ε_u.

Die Meridianspannung $\sigma_{m\,red}$ steigt erst beträchtlich vom Bodenscheitel gegen die Krempe hin, fällt dann wieder, und erreicht ein Druckmaximum in der Krempe an derselben Stelle, an der auch die Ringspannungen (Druck) am grössten sind. Nach nochmaligem Vorzeichenwechsel erscheint die Meridianspannung als Zug vor der Rundnaht. Ein neuer Höchstwert wird ohne Zweifel in der ersten Nietreihe der Rundnaht erreicht.

Im Bodenscheitel ist für R (mittlerer Wölbungsradius) = 136,2 cm, und für 36 at Druck

$$\sigma_m = \sigma_u = \frac{R\,p}{2\,s} = +\ 720\ \text{kg/cm}^2$$

$$\sigma_{m\,\text{red}} = \sigma_{u\,\text{red}} = 0{,}70\ \sigma_u = +\ 504\ \text{"}$$

Durch Messung festgestellt:

$\sigma_{u\,\text{red}}$	im Scheitel, Pkt. 0	+	545	„
	zwischen Pkt. 3 und 4	+	385	„
	in der Krempe, Pkt. 6	—	630	„
$\sigma_{m\,\text{red}}$	im Scheitel, Pkt. 0	+	545	„
	zwischen Punkten 3 u. 4	+	1182	„
	in der Krempe, Pkt. 6	—	654	„

Für den Scheitel ist somit

$$\sigma'_B = \frac{\sigma_{u\,\text{red}} + \nu\sigma_{m\,\text{red}}}{1-\nu^2} = \frac{+\,545 + 0{,}3 \cdot 545}{1-0{,}3^2} = 780\,\text{kg/cm}^2$$

Die grösste Druckspannung an der Krempe aussen ist

$$\sigma'_{\max} = \frac{\sigma_{m\,\text{red}} + \nu\sigma_{u\,\text{red}}}{1-\nu^2} = \frac{+\,1182 - 0{,}3 \cdot 385}{1-0{,}09} = +\,1425\,\text{kg/cm}^2$$

$$\psi = \frac{\sigma'_{max}}{\sigma'_B} = \frac{1425}{780} = 1{,}83$$

Die grösste Zugspannung ist für den Meridianschnitt aussen zwischen Punkten 3—4 das 1,83fache der gerechneten. Die Krempe (Pkt. 6—7) ist aussen auf Druck beansprucht, innen jedoch auf Zug, und zwar sind diese Zugspannungen, wie der Verfasser nachgewiesen hat [1]), grösser als die Druckspannungen; ist der Krempenhalbmesser eng, so ist die Elastizitätsgrenze des Materials

[1]) „Ueber die Festigkeit elektrisch geschweisster Hohlkörper", S. 128.

bald überschritten. Die Krempe ist der am meisten der Bruchgefahr ausgesetzte Teil eines Bodens.

Wird für die Berechnung der gewölbten Böden die übliche Formel $\sigma_B = R p : 2 s$ verwendet, so schlägt Huggenberger *) vor, die zulässige Beanspruchung (σ_B) sei in Abhängigkeit der Grösse des Krempenhalbmessers (ϱ) zu wählen. Zur Ermittlung des Abhängigkeitsverhältnisses kann Abb. 131 benützt werden. Auf der Abszissenachse sind die Werte des Krümmungsradius ϱ der Krempe (ϱ bis zu halber Bodendicke reichend) als Verhältniswerte von a, dem Halbmesser des Mantels, an den der Boden angefügt wird (a ebenfalls bis zu halber Manteldicke reichend) abgetragen. Z. B. heisst $\varrho = 0{,}10\,a$, der Krempenradius ist 10 % des Mantelhalbmessers.

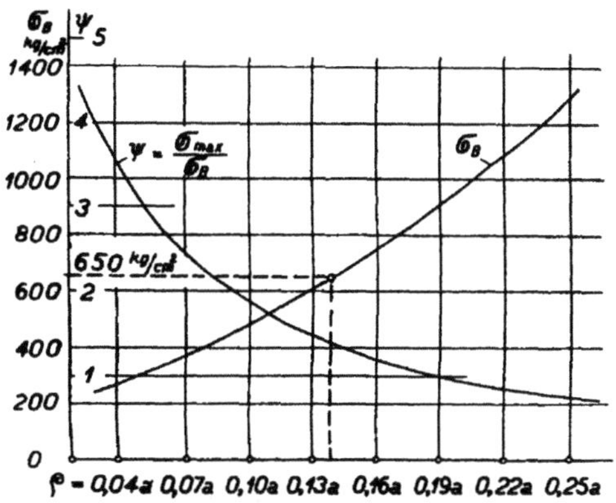

Abb. 131. Zulässige Scheitelspannung σ_B in Abhängigkeit des Krempenhalbmessers zur Berechnung von Böden, wobei $\sigma_{max} = 900$ kg/cm².

Die ψ Kurve ist eine Hülfskurve und stellt das Verhältnis der grössten überhaupt auftretenden Bodenspannung σ_{max} zur Spannung im Scheitel σ_B dar. Sie ist an Hand von Ergebnissen unserer Messungen aufgezeichnet. Die Grundlage für die Festlegung dieser Kurve bilden Untersuchungen über den Spannungsverlauf am elliptischen Boden. Um die Schlüsse auch auf den nicht elliptischen Boden ausdehnen zu können, wurden bei den in Abb. 131 dargestellten Kurven Versuchsergebnisse an solchen berücksichtigt. Dabei ist σ_{max} aus den durch Messung festgestellten reduzierten Spannungen ermittelt (ein Beispiel σ'_{max} ist für den vorliegenden Boden oben angegeben). Auch σ_B ist aus den reduzierten Spannungen berechnet worden (ebenfalls ein Beispiel σ'_B oben angeführt).

Wenn in der Gleichung

$$\psi = \sigma_{max} : \sigma_B$$

an Stelle der Krempenspannung σ_{max} ein höchstzulässiger Wert

*) „Festigkeit elektrisch geschweisster Hohlkörper“, S. 112 u. f.

eingesetzt wird, z. B. 900 kg/cm², so kann die Scheitelspannung σ_B aus der Kurve bestimmt werden. Um sich diese Rechnung zu ersparen, wird in Abb. 131 die σ_B-Kurve direkt eingezeichnet. Sie besagt, welche Spannung (σ_B) der Rechnung mit der üblichen Bodenformel

$$s = \frac{Rp}{2\,\sigma_B}$$

(s Blechdicke, R Wölbungshalbmesser in cm, p Betriebsdruck in kg/cm²) für Böden mit verschiedenem Krempenhalbmesser zu Grunde gelegt werden muss, damit der grösste zulässige Wert von 900 kg/cm² in der Krempe nicht überschritten wird. Als Beispiel ist in der Abbildung das Verhältnis des Krempenradius, für den die Krempenspannung $\sigma_{\max} = 900$ kg/cm² nicht übersteigen soll, wenn (gemäss Hamburger Normen 1905) im Scheitel $\sigma_B = 650$ kg/cm² zugelassen wird, erkennbar gemacht. Der Krempenhalbmesser (ϱ) darf dann nicht kleiner als 14% des Zylinderhalbmessers (a) sein.

Die nähere Begründung dieser Rechnungsmethode ist in der oben erwähnten Untersuchung zu finden.

2) Spannung für Bodenrundnaht und Mantel.

Am Boden kann bloss bis zur äussersten Kante des Mantels gemessen werden. Dagegen ist es möglich, beim Mantel über die Rundnaht zu messen, z. B. auch bei Pkt. 9 und 10, Abb. 126—130.

Die Spannungen, die der Rundnaht gefährlich werden können, sind σ_m (bezw. $\sigma_{m\ red}$) für das Bodenende und σ_a (bezw. $\sigma_{a\ red}$) für das Mantelende. Aus dem Spannungsplan, Abb. 127, ist ersichtlich, wie rasch die Spannungen σ_m des Bodenendes bei Punkt 8 ansteigen, wie langsam diejenigen des Mantelendes bei Punkten 9—10. Sie bleiben bei diesen Punkten unter den gerechneten (die Schwächung des Bleches durch die Nietlöcher kommt nicht zum Ausdruck). In der Bodenrundnaht ist daher das Bodenende stärker beansprucht als das Mantelende.

Rechts von 10, im vollen Mantelblech, steigen die Mantelspannungen für σ_a bedeutend über die gerechneten ($\sigma_{a\ red}$ gerechnet 159 kg/cm², festgestellt 510 kg/cm²). Die Messungen aus dem Jahre 1923 *) finden sich hier bestätigt.

*) „Festigkeit elektrisch geschweisster Hohlkörper."

Messungen in achsialer Richtung über überlappte Rundnähte von Mantelschüssen haben zu keinem Ergebnis geführt, wegen zu geringer Empfindlichkeit unserer Instrumente für die äusserst geringen Dehnungen.

Folgerung. Der Spannungsverlauf des untersuchten Bodens, obwohl dieser in den Mantel eingenietet ist und eine verhältnismässig dicke Wand besitzt, stimmt überein mit den Spannungszuständen, die wir früher (1923) an Böden von geringer Dicke, die an Zylindermäntel geschweisst waren, gefunden haben. Besondere Beachtung verdienen die Spannungen in der Krempe; aussen tritt als Meridian- und Ringspannung Druck auf, innen Druck als Ring-, Zug als Meridianspannung. Die Zugspannung im Meridian innen überwiegt die Druckspannung aussen; sie wird gefährlich bei engem Krempenhalbmesser. *)

Bei Bodenrundnähten ist, sofern der Boden nicht besonders dick im Verhältnis zum Mantel gemacht wird und namentlich bei Böden mit enger Krempe, das Bodenende stärker beansprucht als das Mantelende.

Spannungen, die in der Querebene durch überlappte Rundnähte von zylindrischen Mantelschüssen auftreten (σ_a bezw. $\sigma_{a\,red}$) waren für die von uns untersuchten Kessel von sehr geringer Grösse. Zwei zylindrische Mäntel können daher auch bei erheblicher Blechdicke noch überlappt zusammengenietet werden.

VII. Trommeln mit genieteten und gleichzeitig geschweissten Nähten.

17. Genietete Verbindungen, dicht geschweisst.

Statt die Ränder einer genieteten Blech-Verbindung dicht zu stemmen, fängt man an, sie dicht zu schweissen, besonders

*) Z.V.D.I. 1925, S. 158.

bei Ausbesserungen. Hiezu wird die autogene Schweissung selten, sondern fast ausschliesslich die elektrische angewandt. Es handelt sich fast immer um Stirnschweissung. (Hiefür ist es — wie wir früher nachgewiesen haben — zweckmässiger, wenn die Kanten senkrecht, nicht schräg abgesetzt sind).

1. Festigkeit. Angaben über die Festigkeit solcher Nähte finden sich in Zahlentafeln VII, IX/S und XX. Insbesondere sei auf die letztbezeichnete verwiesen, im Hinblick darauf, dass es sich um Schweissnähte mit geringem Querschnitt — Schenkellänge höchstens 1,1 cm — handelt, den Verhältnissen bei Dichtschweissung entsprechend. Trotz schwacher Nähte hat sich sehr hohe Zugfestigkeit der Stäbe ergeben, und es ist in Kap. 10/2 (S. 62) nachgewiesen, dass bei Stäben, bei denen nur die Laschenränder geschweisst sind (Abb. 64/1), $1^1/_2$ fache Festigkeit von Stäben, die nur genietet sind, erreicht wurde. Dabei handelt es sich um Stäbe von $s = 30$ mm und Nieten, bei denen $d = 34$ mm — die dicksten unserer Versuche. Bei kleinern Nieten (30 mm) ist die Festigkeit der rein geschweissten Stäbe mehr als das $1^1/_2$ fache derjenigen der rein genieteten. Aus Zahlentafel XXV lässt sich die Festigkeit nur genieteter, sowie genieteter und geschweisster Stäbe (für die letztgenannten Zeiger 2c. und 2c..) erkennen. Diese Verhältnisse lassen sich direkt auf einreihige Nietnähte übertragen. Dagegen würde bei einer mehrreihigen Nietnaht die Festigkeit der Schweissnähte gegenüber derjenigen der Vernietung natürlich zurückgehen. Es kommt übrigens, dies ist nie zu vergessen, auf die Qualität der Schweissung an. Diese Ergebnisse verdienen gebührende Beachtung.

2. Spannungszustand. Sind die Laschen am Rand geschweisst, so wird der Spannungszustand eines genieteten Stabes von Grund aus geändert. Der Verlauf der Verschiebungskurven für solche Stäbe, d. h. jene mit Zeiger C in den Abb. 88 und 89, 92, 95 bis 97 ist flach. Dies beweist mit aller Deutlichkeit, dass die rel. Verschiebungen nur sehr gering sind. Dagegen findet bei genieteten Stäben, die nicht geschweisst sind (Zeiger A und B), Verschiebung des Bleches gegen die Laschen schon bei geringer Belastung statt.

Aeussere und innere rel. Verschiebungen hängen hinsichtlich ihrer Grösse nicht mehr vom Vorhandensein der Nieten, sondern der Schweissnähte ab; diese dominieren für das Verhalten der Verbindung. Für die innern rel. Verschiebungen rückt, wie durch Abb. 81a und die Ausführungen von Kap. 10/4 (Seite 78) begründet, die Bezugsebene (PP) in die Nähe der Schweissnaht. Aeussere rel. Verschiebungen erfolgen nach Massgabe der Nachgiebigkeit der Schweissnähte, nicht der Nieten.

Abb. 132 zeigt in einem gegenüber früher (Abb. 88 bis 97) vergrösserten Masstab für ξ und bei weitergehender Belastung, wie sich die Stossfuge des Stabes L2c• erweitert, bezw. das Ende einer Stabhälfte sich relativ zu den Laschen verschiebt. 2ξ ist wie früher die gesamte Fugenerweiterung, $2\xi'$ die bleibende, $2(\xi-\xi')$ die federnde. ξ und ξ' entsprechen den Verschiebungen einer Stabhälfte.

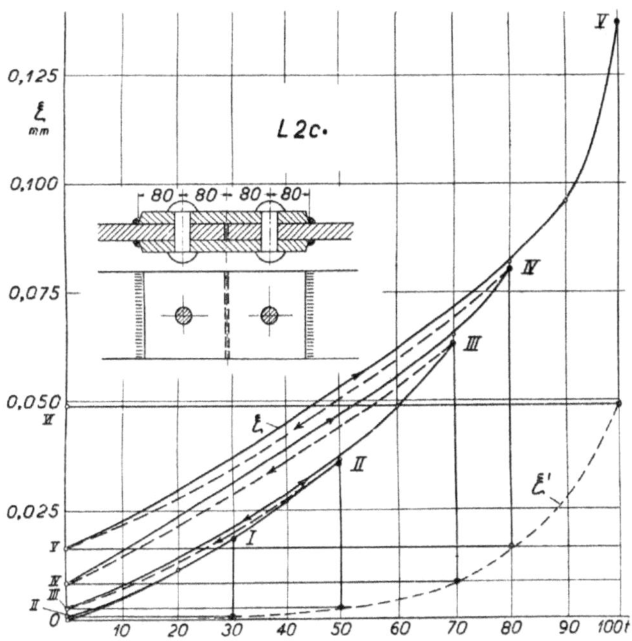

Abb. 132. Gesamte rel. Verschiebung eines Stabendes an der Stossfuge für den genieteten Stab L2c•, dessen Laschen am Rande geschweisst sind.

Währenddem bei lediglich genieteten Stäben bleibende rel. Verschiebung spätestens bei 7,5 t (Stäbe L2b• und SS2b• , Tafel XXIII) sich zeigt, beginnt diese für Stab L2c• gemäss Abb. 132 erst bei 20—30 t. Der Stab L2c• ist, was in Abb. 132 zum Ausdruck kommt, stufenweise belastet worden (die Stufen sind römisch numeriert). Bei P = 100 t oder σ_z (Stab) = 2,13 t/cm² bezw. σ_z (Laschen) = 1,42 t/cm² war noch keine Verformung sichtbar. Bei P = 100 t war die rel. Verschiebung des Stabrandes gemäss Abb. 132 $\xi = 0{,}137$ mm, $\xi' = 0{,}05$ mm.

Zur weitern Klarstellung der Verhältnisse folgt Zahlentafel XXVII, 4 Stäbe berücksichtigend.

Zahlentafel XXVII. Gesamte (2 ξ) und bleibende (2 ξ') Fugenerweiterung für genietete Stäbe, deren Laschen am Rand geschweisst sind.

(Nieten nur bei L2c •• gestemmt.)

Last	Stab L2c •		Stab L2c ••		Stab E2c •		Stab S2c •		Stab SS2c •	
	2 ξ	2 ξ'	2 ξ	2 ξ'	2 ξ	2 ξ'	2 ξ	2 ξ'	2 ξ	2 ξ'
t	mm	mm	mm	mm	mm	mm	mm	mm	mm	mm
2			0,001	0	0,002	0			0,003	0
5			0,002	0	0,006	0,002	0,003	0	0,005	0
10			0,005	0	0,014	0,002	0,008	0	0,011	0,001
15			0,009	0	0,022	0,004			0,018	0,002
20			0,013	0	0,030	0,005	0,020	0,002	0,025	0,002
30	0,037	0,001	0,023	0,001	0,051	0,008	0,036	0,004	0,035	0,002
40			0,035	0,003	0,075	0,010	0,054	0,008	0,059	0,005
60			0,064	0,009	0,118	0,021	0,146	0,038	0,113	0,015
70	0,127	0,017	0,086	0,014	0,144	0,028	0,408	0,260	0,153	0,029
80	0,161	0,032	0,112	0,019					0,222	0,064
100	0,274	0,098								
Bruch	*		*		*		75 t		*	

* Bei 100 t nicht gebrochen.

Man vergleiche die Werte dieser Tafel mit XXIII (Seite 74).

3. Kraftübertragung. Wir haben nun die Frage zu untersuchen, in welchem Mass die Nieten von Nähten, deren zugehörige Laschen am Rand geschweisst sind, an der Kraft-Uebertragung vom Blech an die Laschen teilnehmen und wie sich die Verbindung beim Bruch einer Dichtigkeitsschweissnaht verhält.

Bei der ersten Frage kommt es darauf an, wie lange und in welchem Mass hinsichtlich der Nieten allein federnde Verschiebungen stattfinden. Wie wir sahen, ist die Verschiebung ihrer Grösse nach von der Beschaffenheit der Nieten abhängig. Schwach geschlagene unverstemmte Nieten leisten gegen äussere rel. Verschiebung fast keinen Widerstand. Sind solche Nietnähte an den Laschen dicht geschweisst, so werden die Nieten infolge der geringen rel. Verschiebungen, welche Dichtungsschweissnähte zulassen, überhaupt nicht beansprucht, sitzen unwirksam hinter der Naht. Es ist dann die Schweissnaht, die die Last allein aushält. Anders verhält es sich bei sorgfältig geschlagenen und verstemmten

Nieten. Bei dem gemäss Tafel XXIII gute Ergebnisse aufweisenden Stab L2b• (nur genietet, Kopfnieten, verstemmt) erweiterte sich die Fuge:

$P = 7{,}5\,t$ ($\tau = 439\,kg/cm^2$) $\quad \xi = 0{,}001\,mm \quad \xi' = 0\,mm$;

nur federnde Verschiebung

$P = 20\,t$ ($\tau = 1170\,kg/cm^2$) $\quad \xi = 0{,}004\,mm \quad \xi' = 0{,}001\,mm$;

sehr geringe bleibende Verschiebung

(ξ und ξ' auf eine Stabhälfte bezogen).

Dagegen ergab der genietete und mit Dichtigkeitsnähten versehene Stab S2c•• bei

	ξ (gesamt)	ξ' (bleibend)
$P = 7{,}5$ t	0,007 mm	0,002 mm
$P = 20$ t	0,020 „	0,004 „

Hier ist, trotz des Vorhandenseins von Schweissnähten, die rel. Verschiebung grösser als dort, weil Schweissnähte und Nieten nachgiebig waren. Daraus ist zu schliessen, dass, falls ein Stab die nur geringe rel. Verschiebung zulassenden Nieten von L2b und die zufällig etwas nachgiebigen Dichtungsschweissnähte von S2c•• auf sich vereinigen würde, die Nieten wesentlich an der Kraftübertragung teilnehmen würden.

Die Nachgiebigkeit einer Stirnnaht im Sinne rel. Verschiebung ist so gut wie ihre Festigkeit von der Art der verwendeten Elektroden und von deren Dicke abhängig. Dünne Schweissdrähte ergeben dichtere, festere und also weniger nachgiebige Nähte als dicke. Bezweckt die Schweissung nur Dichtigkeit, und sollen die Nieten absichtlich einen Teil der Kraft übertragen, so scheint es gerechtfertigt, dass mit dicken Elektroden geschweisst wird, d. h. so, dass die Schweissnähte nachgiebig sind. Dagegen kommen Fälle vor, wo eine Stirnnaht möglichst fest sein soll, dann ist nur die Verwendung dünner und bestbewährter Elektroden zu empfehlen.

Was sich zuträgt, wenn eine Dichtungsschweissnaht bei einem Dampfkessel bricht, kann nicht gesagt werden. Bei den Versuchen sank der Druck der Wasserdruckpumpe erheblich beim Bruch der Schweissnaht. Erst beim Nachpumpen wurden die Nieten durchgeschert — bei kleinerem Druck. Durch das Vorhandensein von Dichtungsschweissnähten am Laschenrand werden zwar die Nieten hinsichtlich der Kraftübertragung „ins zweite Treffen“ versetzt, aber eine Reserve für die Sicherheit der Verbindung gegen plötzliches Bersten beim Bruch einer solchen Schweissnaht bilden sie doch. Was sich allerdings ereignet, sobald man es nicht mehr mit dem unelastischen Druckwasser, sondern mit einem elastischen Stoff (Luft, Dampf), wobei der Druck bei geringem Stoffverlust nicht abnimmt, zu tun hat, bleibt dahingestellt.

4. Zulässigkeit von Dichtungsschweissnähten. Es entsteht weiter die Frage, ob alle genieteten Verbindungen mit Dichtungsschweissnähten versehen werden dürfen und welche nicht. Nach Ansicht des Verfassers sollte man davon Umgang nehmen, die Kanten überlappt genieteter Längsnähte mit dem Blech zu verschweissen. Ueberlappte Nähte unterliegen, wie in Kap. 14 ausgeführt, erheblichen Biegungskräften. Im Hinblick auf die in Abb. 8 und 65 gezeigte Strukturänderung bezw. der Schwächung des Bleches an der Stelle der Schweissnaht selbst leuchtet es ein, dass für überlappte Nähte in gewissem Umfang die Gefahr entsteht, dass sie in der Dichtungsschweissnaht brechen.

Aehnliche Bedenken sind geltend zu machen, wenn ein oberer Laschenrand hinsichtlich des Blechs einem untern unmittelbar gegenüber liegt. Das Blech ist dann an zwei gegenüberliegenden Stellen in seiner Struktur geändert bezw. geschwächt, wie in Abb. 8 sichtbar. Unbedenklich erscheint jedoch das Schweissen von Kanten da, wo sie hinsichtlich des Blechs gegeneinander verschoben sind, z. B. bei $1\,^1/_2$ und $2\,^1/_2$ facher Laschennietung. Versuche hat der Verfasser indessen nicht vorgenommen.

Bei Rundnähten liegen hinsichtlich des Verschweissens von Blechrändern mit überlappter Anordnung weit geringere Bedenken als bei Längsnähten vor. Jene erleiden viel geringere Biegungsspannungen als diese. Der Verfasser hält das Dichtschweissen der Ränder von Böden und Mänteln, die überlappt zusammengenietet worden sind, in weitem Umfang für erlaubt (Abb. 25).

Es sei noch darauf hingewiesen, dass man sich bei Ausbesserungen häufig über derartige Bedenken hinwegsetzt, namentlich werden mit Vorliebe überlappte Längsnähte am Rand geschweisst.

Nun kann der Fall eintreten, dass Ränder von Blechen oder Laschen, die infolge Bruches der Stege in einer Nietreihe dauernd undicht geworden sind, dicht geschweisst werden. Explosionen sind dann zu befürchten.

5. Folgerungen. Verschweisst man die Laschenränder mit dem Blech, so werden Festigkeit und Spannungszustand der Naht weitgehend beeinflusst. Die Festigkeit kann bei guter Verschweissung ganz erheblich erhöht werden. Es hängt in erster Linie von den Schweissnähten ab, wann äussere rel. Verschiebungen in die Erscheinung treten, denn Schweissnähte sind weniger nachgiebig als Nieten. Die innern rel. Verschiebungen ändern sich ebenfalls wegen Veränderung der Lage der Bezugsebenen; diese rücken in die Nähe der Schweissnähte.

Bei so beschaffenen Nähten nehmen die Nieten nur dann an der Kraftübertragung teil, wenn sie gut gestemmt sind und ihre Schäfte wenig Spiel hinsichtlich der Löcher haben.

Das Dichtschweissen von Laschenrändern, die einander hinsichtlich des Blechs unmittelbar gegenüber liegen, empfiehlt sich nicht, noch weniger das der Ränder von überlappten Längsnähten. Gegen das Dichtschweissen bei überlappten Rundnähten bestehen geringere Bedenken.

18. Geschweißte Nähte, durch genietete Laschen gesichert.

1. Fugenerweiterung. Wird ein Stab, dessen Hälften nur geschweisst, nicht genietet sind, belastet, so dehnt er sich; ebenfalls die Schweissnaht, wobei für diese die Messlänge gleich ihrer Breite ist. Dasselbe erfolgt bei der Schweissnaht der Wand eines Hohlkörpers. Die Frage ist zu erörtern: Wie verhält sich die Verlängerung der Schweissnaht in Vergleich gestellt mit der Fugenerweiterung eines rein genieteten Stabes. Der Einfachheit halber setzen wir voraus, dem Material der Naht komme die gleiche Elastizität wie dem des Stabes zu. Falls die Naht nicht verdickt ist, verlängert sich der Stab dann, als wäre er homogen, dem Hook'schen Gesetz entsprechend. Ein Stab von 16 cm Breite und 3 cm Dicke (= Abmessung der Stäbe von Kap. 10) würde sich z. B. bei 30 t Belastung, d. h. bei einer innewohnenden Zugspannung von $\sigma_z = 625$ kg/cm² auf 3 cm Länge um 0,00872 mm elastisch verlängern (3 cm Stablänge berücksichtigten wir in der Annahme, die Naht sei auch so breit, d. h. so breit als der Stab dick. In Wirklichkeit hat das Nahtprofil nicht gleiche Breite sondern Dreieckform).

Man vergleiche nun die elastische Verlängerung der Naht bei P = 30 t mit der Erweiterung der Stossfuge rein genieteter Stäbe bei gleicher Last. Kap. 10, insbesondere Tafel XXIII liefert mehrere Beispiele.

Fugenerweiterung bei 30 t Belastung für genietete Stäbe gemäss Zahlentafel XXIII. Die Nieten sind gestemmt.

	Stab	L2B•	E2B•	SS2B•
Fugenerweiterung	2ξ	0,019	0,086	1,325 mm
Schubbeanspruchung der Nieten	τ	1750	1650	1990 kg/cm²
Zugbeanspruchung des Bleches	σ_{zB}	625	625	625 „

Diese drei Beispiele lehren, dass sich Stossfugen rein genieteter Stäbe auch bei gleicher Belastung ungleich erweitern. Die Nachgiebigkeit hängt von der Güte der Vernietung ab. Das gleiche würde für Nietnähte — die Stäbe von Kap. 10 berechtigen zwar nur, einreihige Nietnähte zum Vergleich heranzuziehen — gelten. Auf was es besonders ankommt, ist die Feststellung, dass Stossfugen rein genieteter Stäbe sich viel mehr erweitern, als die Schweissnaht eines in der Fuge geschweissten Stabes sich elastisch verlängern könnte (für unser Beispiel macht die elastische Verlängerung nämlich, wie wir berechneten, bloss 0,00872 mm aus, viel weniger als die Fugenerweiterung $2\,\xi$ gemäss obiger Zusammenstellung). Daraus wäre der Schluss zu ziehen, dass eine Schweissnaht, durch genietete Laschen gesichert, durch letztere wenig oder gar nicht entlastet wird. — Um diese Frage jedoch mit grösserer Zuverlässigkeit zu beantworten, wurde ausserdem der Weg des Versuchs betreten.

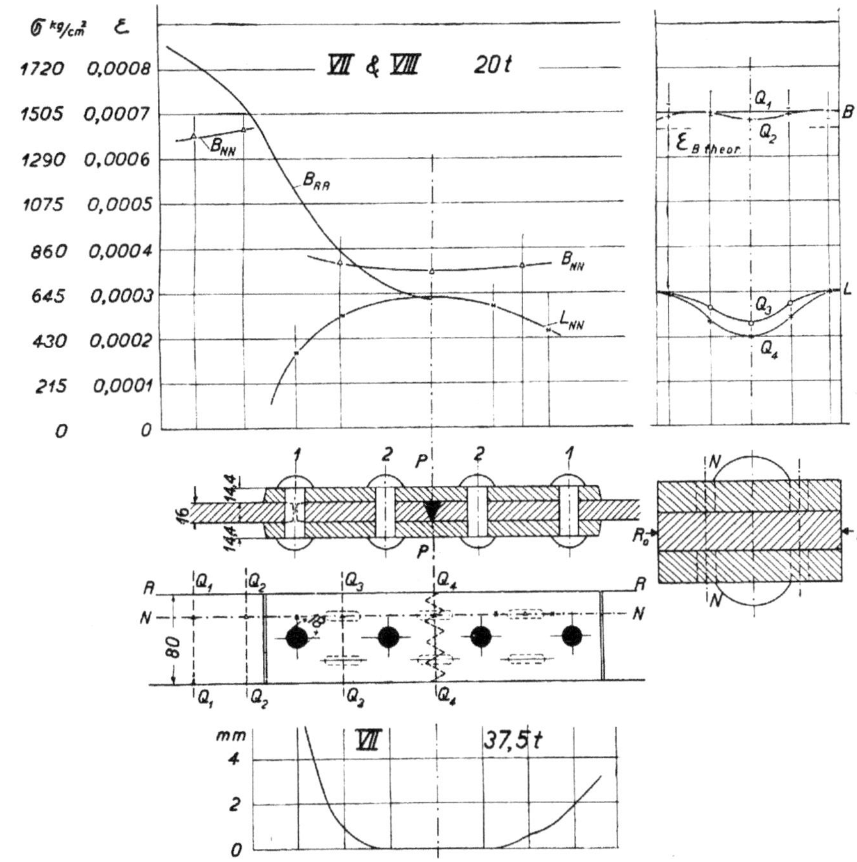

Abb. 133—138. Probestäbe mit geschweisster Fuge, diese durch genietete Doppellaschen gesichert. Abb. 133 und 137 Spannungszustand. Abb. 134 und 135 Beschaffenheit der Stäbe. Abb. 136 Bleibende innere rel. Verschiebungen in verstrecktem Zustand.

2. Beschaffenheit der Probestäbe VII und VIII. Ueber Beschaffenheit und Abmessungen geben Abb. 134 und 135 Aufschluss. Es handelt sich um gleiche Stäbe wie I und II, in Abb. 33—36 dargestellt, jedoch mit (autogen) geschweisster Fuge und Doppellaschen mit bloss je 2 (verstemmten) Nieten. Die Laschen von Stab VIII sind mit Schlitzen versehen (punktiert in der Abb.). Belastung 20 t. Dabei ist gemäss Rechnung $\varepsilon_{\text{theor.}}$ für das Blech 0,000726 (0,000664 bei I und II wegen s = 17 mm).

3. Spannungszustand. Er ist aus den Kurven von Abb. 133 und 137 erkennbar. Gemessen wurde über Blech und Laschen in der Ebene NN, das Blech auch am Rand in der Ebene RR. Die Kurve B_{RR} (abgekürzt statt ε_{BRR}) wurde aus den Mittelwerten der Messungen über R_O und R_U erhalten. Die Kurvenstücke B_{NN} (abgekürzt statt ε_{BNN}) sind in Wirklichkeit zusammenhängend, konnten bei der Messung jedoch nicht fortlaufend ermittelt werden; das fehlende Stück nimmt jedenfalls ähnlichen Verlauf wie B_{RR}. Die Spannung der einen Lasche ist dargestellt durch Kurve L_{NN}. In den Laschen sind somit Spannungen nachgewiesen. Die Schweissnaht ist um diese entlastet. Unter Benützung der Kurve Q_1 der Abb. 137 sind wir im Falle, die Grösse der Entlastung bezw. die Kraft der Laschen zu ermitteln. Die mittlere Höhe von Q_1 entspricht einer Spannung von 533 kg cm², der gesamte Laschenquerschnitt ist 23,0 cm². Demnach haben übernommen

die Laschen	12,3 t	oder	61,5 %
die Schweissnaht den Rest von	7,7 t	„	38,5 %
insgesamt	20,0 t	„	100,0 %

Diese Zahlen gelten offenbar mehr für das Beispiel als den Typus; sie können sich ändern, namentlich ist bei dickerm Blech so starke Entlastung nicht mehr zu erwarten.

Es sei noch erwähnt, dass die für das Blech gerechneten Spannungen $\varepsilon_{B\,\text{theor.}}$ mit den durch Messung ermittelten (Ebenen Q_1 und Q_2) ziemlich gut übereinstimmen.

Bei den Stäben gemäss Kap. 9 und 10 findet sich für jede Stabhälfte ein Punkt, in welchem die Kurve ε_B diejenige ε_L schneidet, wo somit $\varepsilon_B = \varepsilon_L$. Rel. Verschiebung kommt an dieser Stelle nicht vor. Einen solchen Schnittpunkt gibt es in Abb. 133 zwar nicht, die Kurven B_{NN} ($= \varepsilon_B$) und diejenige L_{NN} ($= \varepsilon_L$) schneiden sich überhaupt nicht; da aber jede eine zur Abszissenachse parallele Tangente hat — dieser Punkt liegt in der Symmetrieebene — verschiebt sich der Stab dort ebenfalls nicht relativ zu den Laschen. $\triangle\varepsilon$ ist nämlich hier $= 0$. Die zwei Bezugsebenen (PP, eine solche für jede Stabhälfte) eines genieteten

Stabes rücken somit in die Symmetrieebene zusammen, sobald die Fuge geschweisst ist. Im übrigen gilt das früher Gesagte: Die rel. Verschiebungen und somit auch die Beanspruchung der Nieten wachsen mit zunehmendem Abstand von der Bezugsebene. Man bedenke ferner, dass, wenn die Fuge geschweisst ist, äussere rel. Verschiebungen überhaupt nicht mehr stattfinden, Nieten somit nur durch das Auftreten innerer beansprucht werden können. Sollen genietete Sicherheitslaschen – Doppellaschen sind gemeint, Anwendung einer einzigen (einseitigen) Lasche ist nämlich fehlerhaft — wirksam sein, so ist auf grosse innere rel. Verschiebungen hinzuwirken. Dies wird durch Berücksichtigung zweier Gesichtspunkte erreicht: Die Nieten nehmen von der Bezugsebene (Schweissnaht) möglichst weiten Abstand. Die Laschen sind möglichst dick.

Ist nur eine einzige und daher einseitige Lasche angebracht, so ist, weil die Verbindung unsymmetrisch, die Schweissnaht auf Biegung beansprucht. Sodann fehlt der nötige Querschnitts-Ueberschuss der Lasche, es sei denn, die Dicke sei grösser bei der Lasche als beim Blech. Wenn endlich nur zwei Nietreihen vorhanden sind und jede besitzt den üblichen geringen Abstand (1,5 d) von der Fugenmitte, so ist eine solche Lasche, weil innere rel. Verschiebungen bei den Nietnähten dann nur in geringem Masse in die Erscheinung treten können, fast unwirksam, wenn nicht, im Hinblick auf die hervorgebrachten Biegungsbeanspruchungen sogar nachteilig.

Die Wirkung jeder einzelnen Nietreihe kann unmittelbar aus Abb. 133 und 137 überblickt werden. Bei Nieten No. 2 ist der Unterschied der Werte ε_L und ε_B so gering, dass innere rel. Verschiebung kaum in die Erscheinung tritt, die Nietbeanspruchung also nur unwesentlich sein kann. Die Spannungen werden zum grössten Teil durch die Nieten No. 1 vom Blech an die Laschen übertragen. Abb. 137 bestätigt dies; die Spannungskurven der Querebenen Q_3 und Q_4 fallen nämlich fast zusammen (dass Q_3 etwas höher als Q_4 liegt, mag von kleinen Ungenauigkeiten herrühren).

Die Kurven der bleibenden innern rel. Verschiebungen in verstrecktem Zustand des Bleches, Abb. 136 (unten), bestätigen diese Auffassung.

4. Folgerungen. Ist die Fuge eines Stabes oder die Naht eines Hohlkörpermantels geschweisst und werden Sicherheitslaschen über diese Verbindung genietet, so treten äussere rel. Verbindungen nicht mehr auf; Nieten können nur infolge von innern rel. Verschiebungen beansprucht werden.

Sollen solche Sicherheitslaschen wirksam sein, so muss ihre gesamte Dicke diejenige des Blechs wesentlich übersteigen und müssen die Nietreihen möglichst grossen Abstand von der geschweissten Fuge haben.

Einseitige Laschen sind wenig wirksam, sie sind sogar nachteilig infolge der wachgerufenen Biegungsspannungen.

Die Nietlöcher der Laschenbefestigung schwächen das Blech, die Schwächung kann grösser als die hinsichtlich des Blechs verminderte Festigkeit der Schweissnaht sein.

Es wird festgestellt, dass rein genietete Stabhälften bei gleicher Last in der Fuge weiter auseinander gezogen werden als rein geschweisste, weil Nieten nachgiebiger (biegsamer) sind als Schweissnähte dehnbar.

VIII. Entwerfen und Berechnen von Nietverbindungen.

19. Zickzack- und Kettenanordnung der Nieten.

1. Die Beanspruchung der Nietlochränder.

Wird ein Stab, in den ein Loch gebohrt ist, durch Zugkräfte beansprucht und dabei verstreckt, so deformiert sich das Loch, es nimmt ellipsenähnliche Gestalt an, wie Abb. 140 beweist [1]). Für einen solchen Stab sind die am Lochrand auftretenden Spannungen

[1]) Dem Jahresbericht 1921 des Schweiz. Vereins von Dampfkesselbesitzern, Anhang S. 25 entnommen.

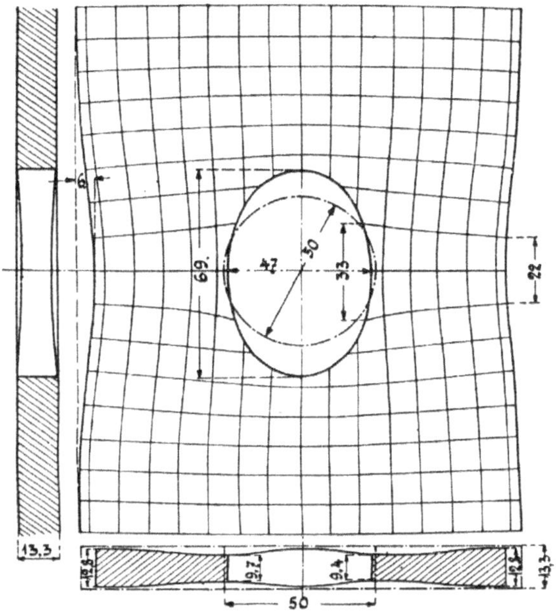

Abb. 140.
Deformiertes Loch in einem verstreckten Stab.

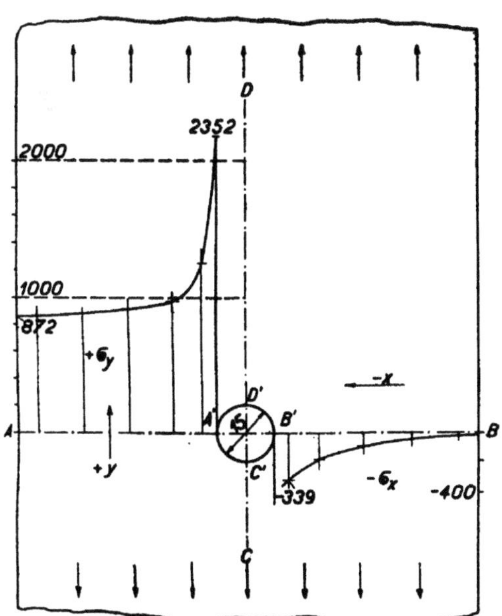

Abb. 141.
Spannungsverteilung in gelochten Zugstäben.

vor Erreichung der Streckgrenze durch Messung *) ermittelt und dabei festgestellt worden, dass sie bis auf das 2,3-fache der mittlern des Stabquerschnittes ansteigen. Abb. 141, die der Abhandlung von Preuss entnommen ist, veranschaulicht links die Spannungen $+\sigma_y$ (Zug) in der Längsrichtung (+ y) des Stabes für den Schnitt *AA'*, rechts diejenigen $-\sigma_x$ (Druck) in seiner Querrichtung (—x) für den Schnitt *BB'*. Dabei sind diese Spannungen ermittelt worden gemäss

$$\sigma_x = \frac{\sigma_{x\,\mathrm{red}} + \nu\,\sigma_{y\,\mathrm{red}}}{1 - \nu^2}$$

$$\sigma_y = \frac{\sigma_{y\,\mathrm{red}} + \nu\,\sigma_{x\,\mathrm{red}}}{1 - \nu^2}$$

wobei die σ_{red} aus den gemessenen Dehnungen hervorgehen.

Der Spannungszustand eines Zylindermantels ist von demjenigen eines Stabes verschieden; dort bestehen äussere Kräfte in zwei Richtungen, in tangentialer und achsialer. Es ist

$$\varepsilon_t = \sigma_{t\,\mathrm{red}} : E = (\sigma_t - \nu\,\sigma_a) : E$$

$$\varepsilon_a = \sigma_{a\,\mathrm{red}} : E = (\sigma_a - \nu\,\sigma_t) : E$$

Infolgedessen bestehen am Rand eines in einen Zylindermantel

*) Preuss, Spannungsverteilung in gelochten Zugstäben, Z. V. D. I. 1912, S. 1780.

gebohrten Loches nicht die gleichen Spannungen wie bei einem gelochten Stab und kann auch die in der Tangente an den Lochrand liegende Spannung nicht die 2,3-fache Höhe der mittleren erreichen.

2. Die Beanspruchung der Stege.

Zwei Nietlöcher seien in das Volle eines Mantelblechs gebohrt. Wie sich die Spannung im ebenen Spannungszustand mit seiner Richtung ändert, kann an Hand des Spannungskreises von Mohr überblickt werden; wir setzen solchen Zustand auch für die Mantelwand voraus. In Richtung der Hauptspannungen σ_t und σ_a treten Schubspannungen nicht auf. Die Stegrichtung $N_1 N_2$, Abb. 142, bildet den Winkel φ mit der Richtung t der Spannungen σ_t. In einem Punkt P ziehen wir eine Achse a in Richtung σ_a und tragen von P aus ab:

$$\sigma'_t = \sigma_t : z_t \qquad \sigma'_a = \sigma_a : z_a$$

wobei z der Blechschwächung durch die Nietlöcher Rechnung trägt. σ'_a und σ'_t sind, wie vorstehend erläutert, nicht gleichmässig über den Steg verteilt, vielmehr steigt die Spannung am Lochrand. σ'_t und σ'_a sollen die wahren in P bestehenden Spannungen bedeuten.

In einem Punkt M der Strecke $A B$, deren Länge $= \sigma'_t - \sigma'_a$, wird ein Kreis über $A B$ als Durchmesser geschlagen und von M aus ein Strahl $M C$, der den Winkel 2φ mit der Abszissenachse einschliesst, gezogen, wobei $A C \parallel N_1 N_2$. Dann ist

$$C D = \tau \qquad P D = \sigma$$

Für jeden andern Punkt von $N_1 N_2$ kann diese Herleitung wiederholt werden.

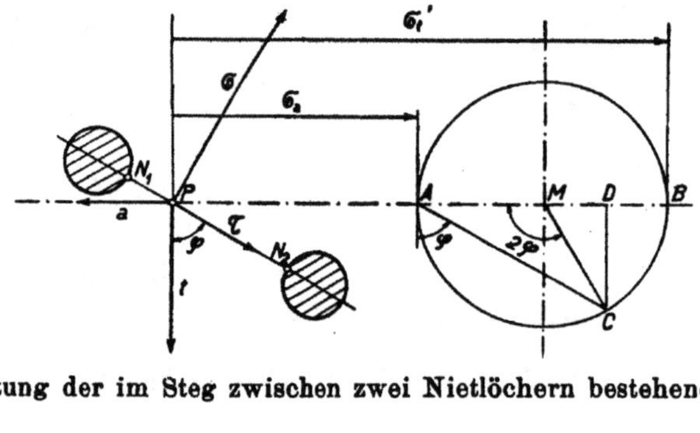

Abb. 142. Herleitung der im Steg zwischen zwei Nietlöchern bestehenden Spannungen.

Ist $\varphi = 90^0$, so kommt der Steg in die Achse a, d. h. parallel zur Zylinderachse zu liegen; dann ist $\tau = 0$, $\sigma = \sigma'_t$. Ist $\varphi = 0$, so liegt die Stegrichtung in einer zur Zylinderachse senkrecht stehenden Ebene, und es ist $\tau = 0$ $\sigma = \sigma'_a$. Der Wert von τ wird am grössten bei $\varphi = 45^0$. Die Aenderung von σ und τ mit abnehmendem Winkel φ geht aus folgender Tafel, obere Hälfte, in der $(\sigma'_t - \sigma'_a) = D_k = A\,B$ (Kreisdurchmesser) bezeichnet wird, hervor. Sind im Blech keine Löcher vorhanden, so wird in erster Annäherung $\sigma'_t = \sigma_t$, $\sigma'_a = \sigma_a = 0{,}5\,\sigma_t$. Hierauf nimmt der untere Teil der Tafel Bezug, wobei $D_k = \sigma_t - \sigma_a = \sigma_a$.

Tafel XXVIII. Aenderung von σ und τ im Steg zwischen zwei in die Mantelwand gebohrten Nietlöchern mit der Aenderung der Stegrichtung.

φ	Stegrichtung	$2\,\varphi$	σ	τ
90^0	Parallel zur Zylinderachse	180^0	σ'_t	0
60^0		120^0	$\sigma'_a + \frac{3}{4} D_k$	$\frac{1}{4}\sqrt{3}\,D_k$
45^0		90^0	$\sigma'_a + \frac{1}{2} D_k$	$\frac{1}{2} D_k$
30^0		60^0	$\sigma'_a + \frac{1}{4} D_k$	$\frac{1}{4}\sqrt{3}\,D_k$
0^0	Senkrecht zur Zylinderachse	0^0	σ'_a	0
90^0	Volles Blech (ohne Löcher)	180^0	σ_t	0
60^0		120^0	$1\frac{3}{4}\,\sigma_a = 0{,}875\,\sigma_t$	$\frac{1}{4}\sqrt{3}\,\sigma_a$
45^0		90^0	$1\frac{1}{2}\,\sigma_a = 0{,}75\,\sigma_t$	$\frac{1}{2}\,\sigma_a$
30^0		60^0	$1\frac{1}{4}\,\sigma_a = 0{,}625\,\sigma_t$	$\frac{1}{4}\sqrt{3}\,\sigma_a$
0^0		0^0	$\sigma_a = 0{,}5\,\sigma_t$	0

Es ist anzunehmen, dass, von einer Niete ausgehend, der parallel zur Zylinderachse gerichtete Steg am meisten auf Zug beansprucht ist, und dass die Beanspruchung sich vermindert, je weiter die Stegrichtung von dieser Lage abschwenkt. Also müsste der Ansicht entgegengetreten werden, dass bei Zickzack-

Nietung die Stege, obwohl dann Scherspannungen in die Erscheinung treten, besonderer Bruchgefahr ausgesetzt seien.[1]) Ist die Lasche so breit, dass die Nieten in Kette angeordnet werden können, so wird die Verbindung nicht geschwächt, wenn einzelne Nieten über die Kette hinaus verlegt werden, wie es das unregelmässige Vernietungsbild mit sich bringt. Wir werden in Kap. 23 davon sprechen.

Vorstehendes ist auch auf die Stege von Rohrwänden anwendbar.

Die Schwedlersche Vorstellung, gemäss welcher man sich zu jeder Niete einen diese seilartig umfassenden Blechstreifen von entsprechender Breite und der Dicke des Blechs denkt, und annimmt, dass der Nietschaft, die durchschnittliche Schubspannung τ erfahrend, die Kraft des ihn umschlingenden Bandes übertrage, muss offenbar als unzulänglich verlassen werden. Genauere Kenntnis über die Spannungsverteilung in einer Nietnaht könnten Messungen nach Art der von Wyss [2]) ausgeführten bringen, die sich, gemäss dem von uns eingeschlagenen Verfahren, nicht nur auf die Laschen, sondern auch auf das darunter liegende Blech zu erstrecken hätten.

20. Entwerfen von Nietnähten.

In Kap. 9 und 10 wurde gezeigt, dass die Nieten einer mehrreihigen Naht in verschiedenen Reihen ungleich beansprucht sind. Beim Entwerfen einer Nietverbindung jedoch sei als erste Annäherung die vorauszusetzende Schubspannung für alle gleich hoch angenommen. Sie muss im Einklang stehen mit der Höhe der Zugspannung im Blech und daher mit dem Blechquerschnitt,

---

[1]) Die Auffassung, ein Steg in einer Zickzack-Vernietung eines Dampfkessels erleide besonders hohe Beanspruchung, wird von Hübel geteilt, gemäss „Wärme" 1923, S. 540. Er stützt sich bei seiner Berechnung auf die Formel

$$\sigma_{max} = 0{,}35\,\sigma + 0{,}65\sqrt{\sigma^2 + 4\,(a_0\,\tau)^2}$$

Diese Formel ist zuständig bei gleichzeitiger Wirkung von Zug und Schub, aber unter der Voraussetzung, dass innerhalb der in Betracht gezogenen

der nach dem Bohren der Löcher übrig bleibt. Für die Längsnaht eines Zylindermantels gilt

$$q \frac{\pi d^2}{4} \tau = (t - nd) s \sigma_z \qquad 1)$$

$$s (t - nd) \sigma_z = \frac{D t p}{2} \qquad 2)$$

worin q und n die Zahl der Nietschnitte bezw. der Nieten innerhalb der Teilung t, d den Nietlochdurchmesser, s die Blechdicke und D den innern Zylindermantel-Durchmesser bedeutet. σ und τ ist die Zug- bezw. Schubspannung. Alles in cm und kg.

Wegen $z = (t - nd) : t$ wird 3)

$$\sigma_z = \frac{D p}{2 s z} \quad (\text{kg/cm}^2) \qquad 4)$$

z wird das Verhältnis der Festigkeit von Naht zu Blech genannt. Weil

$$\sigma_z = K : x \quad (\text{kg/cm}^2) \qquad 5)$$

worin K die Zugfestigkeit des Bleches (in der Regel = 3600 kg/cm²), x der Sicherheitsfaktor, erhalten wir die bekannte Formel (Hamburger Normen)

$$s = \frac{D p x}{2 K z} + c \quad (\text{cm}) \qquad 6)$$

c ist ein konstanter Zuschlag wegen Abrostung (0,1 cm); über x siehe Hamburger Normen (1905).

Um für einen Zylindermantel, für den D, p und x bekannt sind, die zu nietende Längsnaht zu entwerfen, wird der Zuschlag c zunächst vernachlässigt. Das Produkt

$$D p \frac{x}{2 K} = s z \qquad 7)$$

Stabstrecke Kräfte senkrecht zur Stabachse überhaupt nicht einwirken, sodass für die verhältnismässige Querzusammenziehung gilt $\varepsilon_q = \varepsilon : m$ (Bach, Elastizität und Festigkeit 1911, S. 410 u. ff.). Nun bestehen an einem Kesselmantel und auch an der Nietverbindung Spannungen σ_t und senkrecht dazu σ_a, und, den gesamten Spannungszustand berücksichtigend, auch σ_r. Die angegebene Formel ist also nicht anwendbar auf die Nietnähte von Dampfkesseln.

[2]) Dr. ing. Th. Wyss, Beitrag zur Spannungsuntersuchung an Knotenblechen eiserner Fachwerke, Forschungsarbeit des V. D. I., Heft 262, 1923.

ist dargestellt durch die Kurven von Abb. 143. (Für den Zeichnungstisch kann diese Abbildung beliebig grösser entworfen werden.)

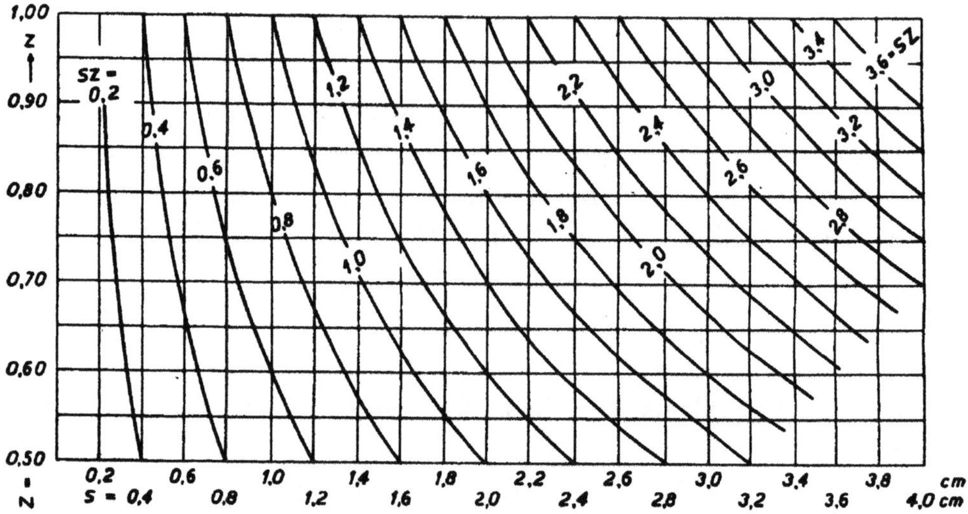

Abb. 143. $D\, p\, \frac{x}{2\,K} = s\, z$ in Funktion von s und z.

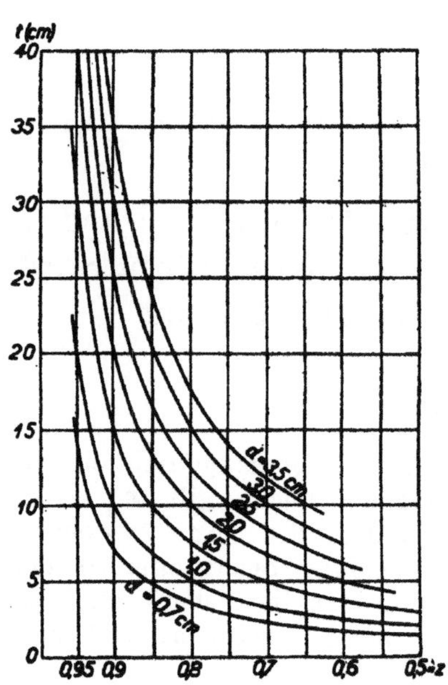

Abb. 144. Wert von t in Funktion von z für bestimmte Werte von d.

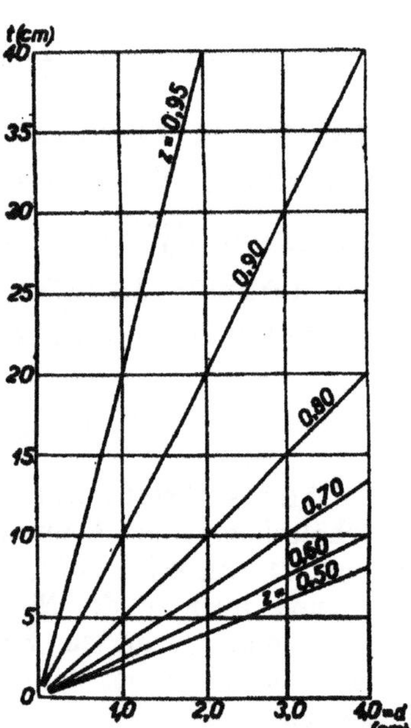

Abb. 145. Wert von t in Funktion von d für bestimmte Werte von z.

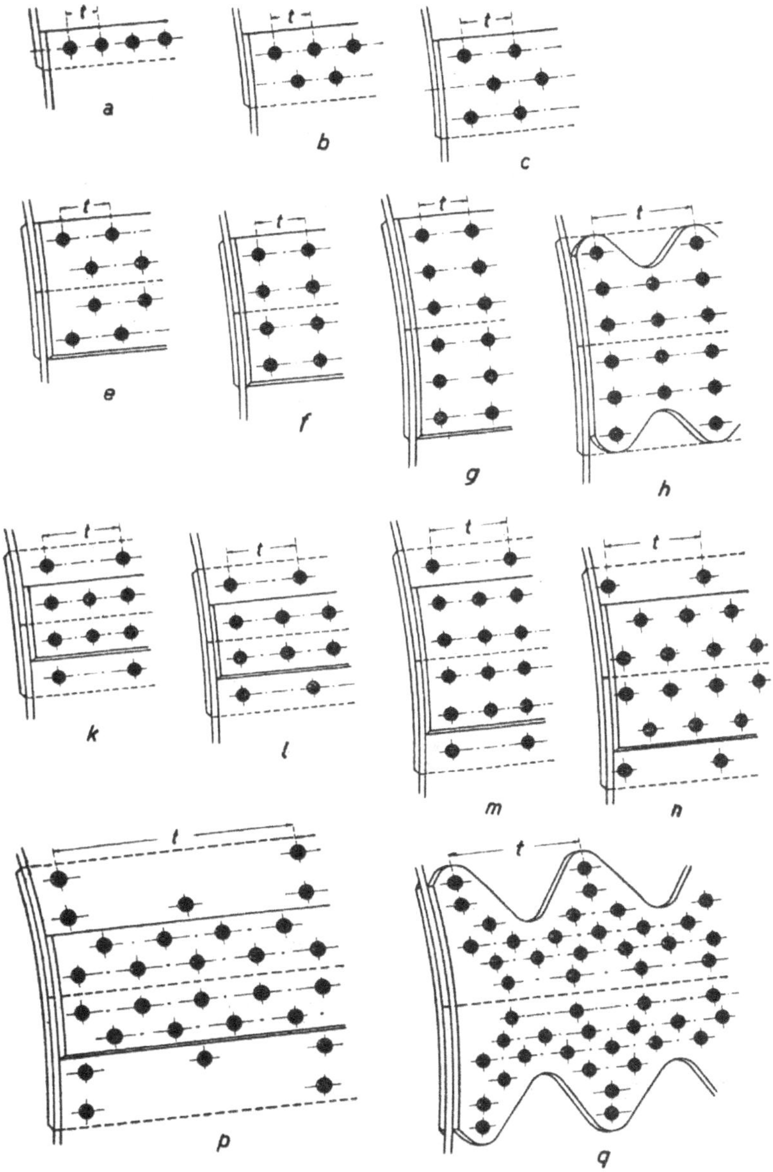

Abb. 146. Nietnähte mit regelmässigem Teilungsbild.

a—c überlappte Vernietung.
e—h Doppellaschennietung mit gleicher Zahl der Nietschnitte in der obern und untern Lasche.
k—n Doppellaschennietung mit grösserer Zahl der Nietschnitte in der untern Lasche (sog. $1^1/_2$ und $2^1/_2$ fache Vernietung).
p, q Nietbilder für grosse Kessel, *p* nach amerikanischem Muster.

p ist gegeben, für den Entwurf ist zunächst D und x zu wählen. Der gerechnete Wert

$$D\,p\,\frac{x}{2\,K}$$

liegt auf einer der gleichseitigen Hyperbeln mit den Koordinaten s (Abszissen) und z (Ordinaten) der Abb. 143. Damit sind wir der Bestimmung der Blechdicke s schon näher gekommen; da diese aber im Produkt sz enthalten ist und unendlich viele Kombinationen möglich sind, wird zunächst über eine der beiden Grössen, z. B. über z, ein Entscheid getroffen, wie folgt.

Bei der einreihigen sowie überhaupt bei jeder für sich betrachteten Nietreihe ist

$$z = \frac{t-d}{t}$$

daher

$$t = \frac{d}{1-z} \qquad 8)$$

d kann dargestellt werden als Produkt $d = t\,(1-z)$, welche Gleichung die allgemeine Form

$$c = y\,x$$

besitzt. Die Werte für ein und denselben Nietdurchmesser bilden dann gleichseitige Hyperbeln im Koordinatenkreuz t und $(1-z)$ bezw. z, Abb. 144. Drücken wir jedoch t aus, indem wir Gleichung 8) schreiben $t = \frac{1}{1-z}\,d$, so erscheint der Bruch $\frac{1}{1-z}$ als Faktor bezw. die Gleichung in der allgemeinen Form $y = c\,x$, die Werte von d bilden ein Bündel gerader Strahlen, Abb. 145. Jedem z entspricht ein Strahl.

Diese Bilder, die in beliebigem Maßstab vergrössert werden können, erleichtern das Entwerfen der Nietnähte; sie gewähren Einblick in die rechnerischen Beziehungen, die für eine Nietnaht gelten. Man beachte das unverhältnismässige rasche Ansteigen der Veränderlichen d von $z = 90\,\%$ an bei Abb. 144.

Abb. 146 veranschaulicht die gebräuchlichsten Nietnahttypen. Für jede Teilstrecke t („Teilung" genannt) wiederholt sich dasselbe Bild (Teilungsbild). Wir unterscheiden künftig Niehtnähte mit regelmässigem Teilungsbild, womit solche Wiederholungen gemeint sind, von solchen mit unregelmässigem (Kap. 23).

21. Die Berechnung der dreireihigen überlappten Nietnaht.

Wie eine ein- oder zweireihige überlappte Nietnaht zu berechnen ist, kann, gestützt auf das Vorangehende, als bekannt vorausgesetzt werden.

Für die Berechnung der dreireihigen überlappten Nietnaht (Abb. 146c und 147) geht man zunächst von der Tangentialspannung im vollen Blech aus,

$$\sigma = \frac{D\,p}{2\,s} \qquad (\text{kg/cm}^2) \qquad 1)$$

Für die Zugspannung im Blech in der äussern Reihe der Längsnaht — die Reihe sei mit I oder III bezeichnet — gilt

Reihe I
$$\frac{D\,t\,p}{2} = s\,(t - d)\,\sigma_1 \qquad 2)$$

wobei die Teilung t vorerst in jeder Reihe als gleich lang vorausgesetzt werden soll. Weil $(t—d) : t = z$ folgt

Reihe I
$$\sigma_1 = \frac{D\,p}{2\,s\,z} = \sigma : z \qquad (\text{kg/cm}^2) \qquad 3)$$
$$s = \frac{D\,p\,x}{2\,K\,z} \quad (+\,c) \qquad (\text{cm}) \qquad 4)$$

c ist der Abrostungszuschlag, gemäss bestehenden Normen 0,1 cm.

Für die Zugspannung in den Blechen in der Mittelreihe besteht, da die Kräfte sowohl von einem obern als auch einem untern Lappen aufgenommen werden, die Gleichung

$$\frac{D\,t\,p}{2} = 2\,s\,(t - d)\,\sigma_2 \qquad 5)$$

und hieraus

Reihe II
$$\sigma_2 = 0{,}5\,\sigma_1 \qquad (\text{kg/cm}^2) \qquad 6)$$

Die Zugspannung in jedem Blech in der Mittelreihe ist halb so gross als im Blech in jeder Aussenreihe.

Hierauf gestützt kann die Grösse der Schubspannung in den Nieten jeder Reihe untersucht werden. Es ist erkannt, dass die Zugspannungen im Blech hinter einer Nietreihe gegenüber denjenigen vor der Reihe vermindert sind, und zwar um so viel, als die betr. Nieten an das angepresste Blech (an die Laschen bei Laschennietung) übertragen haben.

$$s\,(t-d)\,\sigma_2 = s\,(t-d)\,\sigma_1 - \tau_1\,\frac{\pi\,d^2}{4} \tag{7}$$

Reihe I

$$\tau_1 = \frac{s\,(t-d)\,\sigma_1}{2\,\frac{\pi\,d^2}{4}} = \frac{D\,t\,p}{4\,\frac{\pi\,d^2}{4}} \tag{8}$$

Dann wird wegen

$$2\,\frac{\pi\,d^2}{4}\,\tau_1 + \frac{\pi\,d^2}{4}\,\tau_2 = \frac{D\,t\,p}{2}$$

Reihe II

$$\tau_2 = 0$$

Dagegen ist es üblich, mit τ_m, dem Mittelwert von τ zu rechnen

$$\frac{D\,t\,p}{2} = n\,\frac{\pi\,d^2}{4}\,\tau_m \tag{9}$$

$$\tau_m = \frac{D\,t\,p}{2\,n\,\frac{\pi\,d^2}{4}} \tag{10}$$

Nietenzahl
alle einschnittig $\quad n = 3 \qquad \tau_m = \dfrac{D\,t\,p}{6\,\frac{\pi\,d^2}{4}}$

Es ist ziemlich sicher, dass τ_1 gemäss Gleichung 8) der Wirklichkeit mehr entspricht als τ_m gemäss Gleichung 10).

Es ist mit aller Wahrscheinlichkeit anzunehmen — Messungen haben wir zwar nicht gemacht —, dass die von Kap. 9 her bekannte Ebene (*PP*), in welcher die spezifische Dehnung des untern und obern Bleches gleiche Grösse besitzt, durch die Mittelreihe geht, bezw. mit der Mittelebene zusammenfällt. Innere rel. Verschiebung findet für die Mittelreihe also nicht statt, infolgedessen wird auch keine Scherspannung wegen innerer rel. Verschiebung in den Nieten dieser Reihe wachgerufen. Wenn Scherspannungen dort auftreten, werden sie durch äussere rel. Verschiebungen herbeigeführt. Dazu kommt es, sobald der Verband der Berührungsflächen gelockert ist (was sich offenbar zuerst in den äussern Reihen anzeigen muss). Nur dann ist die Berechnung gemäss Gleichungen 9) und 10) zutreffend. Stellen wir uns, wie in Kap. 11 ausgeführt, für das bessere Verständnis der Verschiebungsvorgänge vor:

äussere rel. Verschiebung: Nieten aus Kautschuk, Bleche aus Glas;

innere rel. Verschiebung: Nieten aus Glas, Bleche aus Kautschuk,

so erkennen wir, dass sich die Nieten der äussern Reihen sowohl infolge äusserer als auch innerer rel. Verschiebung in gleicher Richtung schief stellen, und zwar mit gleichem Winkel für beide Reihen. Die Nieten der Mittelreihe werden in gleicher Richtung aber mit geringerem Winkel schief gestellt, weil hier bloss äussere rel. Verschiebung in die Erscheinung treten kann.

Zahlenbeispiel A (Abb. 147—149) für die dreireihige überlappte Vernietung mit gleicher Teilung in jeder Reihe:

$D = 160$ cm, $d = 2{,}3$ cm, $p = 10$ at, $s = 1{,}45$ cm.

t in allen 3 Reihen $= 9{,}1$ cm, $z = 0{,}747$.

Blech im Vollen $\sigma = \frac{D\,p}{2\,s} = 551$ kg/cm²

Blech in Reihe I $\sigma_1 = \frac{D\,p}{2\,s\,z} = 739$ kg/cm²

Blech in der Mittelreihe (Reihe II) $\sigma_2 = \sigma_1 : 2 = 369$ kg/cm²

Schubbeanspruchung der Nieten einer äussern Reihe

$\tau_1 = 877$ kg cm² gemäss Gleichung 8),

im Mittel $\tau_m = 585$ kg/cm² gemäss Gleichung 10).

Die Bruchgefahr für das Blech ist in einer äussern Reihe doppelt so gross als in der mittleren. Sie wird, wie wir in Kap. 14 gesehen haben, aussen weiterhin vermehrt durch erhebliche Biegungsspannungen. Die Erfahrung lehrt, dass Brüche immer in äussern Reihen erscheinen. Das Bestreben des Kesselerstellers muss dahin gehen, das Blech hier zu verstärken, und dies kann zunächst in der Weise erfolgen, dass es durch Nietlöcher weniger verschwächt wird, d. h. die Teilstrecken t verlängert werden. Um (gegen äussere rel. Verschiebung) auf den erforderlichen Nietquerschnitt zu kommen, wird man mehr Nieten in der Mittelreihe anordnen, die Teilstrecken dort verkürzen, und zwar auf die Hälfte. Dann ergibt sich das in Abb. 150—151 veranschaulichte Vernietungsbild. Die Lappen — und dies ist von grosser Wichtigkeit — werden bei dieser Anordnung nicht breiter als bei Abb. 147—148.

Für diese Naht (Abb. 150—151) kann die Spannung im vollen Blech wie üblich nach Gleichung 1) berechnet werden, diejenige in der ersten Reihe nach Gleichung 3), die Blechdicke nach 4), wobei für die Berechnung von z zu setzen ist: $t = t_1$.

Für die Spannung in beiden Blechen in der Mittelnaht gilt

$$\frac{D\,t\,p}{2} = 2\,s\,(t - 2d)\,\sigma_2 \qquad 11)$$

und mit Benützung von Gleichung 2)

$$\frac{\sigma_1}{2\,\sigma_2} = \frac{t - 2d}{t - d} = \frac{z_2}{z_1}$$

$$\sigma_2 = \frac{\sigma_1}{2}\,\frac{z_1}{z_2} = \frac{D\,p}{4\,s\,z_2} \qquad (\mathrm{kg/cm^2}) \qquad 12)$$

$$s = \frac{D\,p\,x}{4\,K\,z_2} \quad (+\,c) \qquad (\mathrm{cm}) \qquad 13)$$

Von den nach Gleichungen 4) und 13) berechneten Blechdicken ist die grössere zu berücksichtigen.

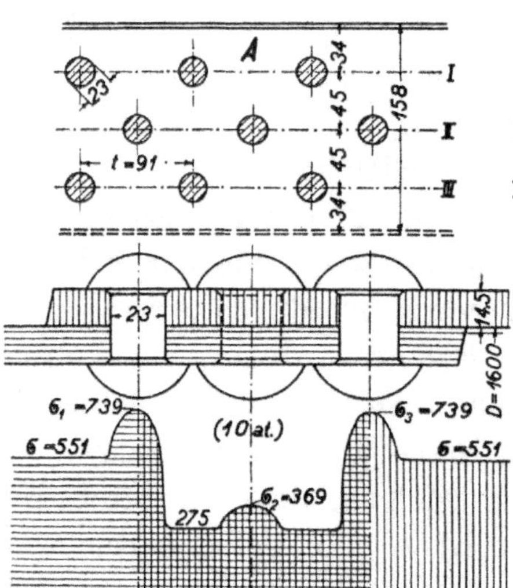

Abb. 147—149. Beispiel (A) einer dreireihig überlappten Vernietung; gleiche Teilungen.

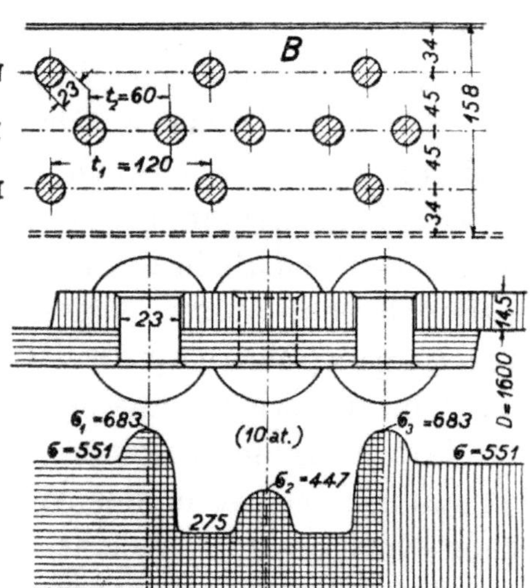

Abb. 150—152. Beispiel (B) einer dreireihig überlappten Vernietung; ungleiche Teilungen.

Unten die gerechneten Spannungen in den Lappen.

Für die Spannung in einem Blech in der Mittelnaht gilt innerhalb t ($= t_1$) analog Gleichung 7)

$$s\,(t - 2d)\,\sigma_2 = s\,(t - d)\,\sigma_1 - \tau_1 \frac{\pi d^2}{4} \qquad 14)$$

und mit Benützung von Gleichung 11)

$$\text{Reihe I} \quad \tau_1 = \frac{D\,t\,p}{2\,\frac{\pi d^2}{4}} - \frac{D\,t\,p}{4\,\frac{\pi d^2}{4}} = \frac{D\,t\,p}{4\,\frac{\pi d^2}{4}} \quad (\mathrm{kg/cm^2}) \qquad 15)$$

identisch mit Gleichung 8).

$$\text{Wegen } 2\,\frac{\pi d^2}{4}\,\tau_1 + 2\,\frac{\pi d^2}{4}\,\tau_2 = \frac{D\,t\,p}{2} \text{ wird}$$

$$\text{Reihe II} \qquad \tau_2 = 0$$

Zahlenbeispiel B (Abb. 150—152). Annahme

$t = t_1 = 12{,}0$ cm $\qquad z_1 = 0{,}808$

$t_2 = 6{,}0$ cm $\qquad z_2 = 0{,}617$

sonst alles gleich wie bei Beispiel A.

Reihe I	σ_1	(Gleichung 3)	$= 683$ kg/cm²
Reihe II	σ_2	(Gleichung 12)	$= 447$ kg/cm²
Reihe I	τ_1	(Gleichung 15)	$= 1156$ kg/cm²

Mittelwert τ_m (Gleichung 10) $= 578$ kg/cm²

Der Vergleich der Beispiele A und B zeigt, dass es gelingt, mit dem Vernietungsbild B die Zugspannung im Blech in den äussern Reihen herabzusetzen; hierauf kommt es an, weniger auf die etwas erhöhte Schubspannung τ_1 in den Nieten einer äussern Reihe bei Beispiel B. Für beide Beispiele sind in Abb. 149 und 152 die für jeden Blechlappen berechneten Zugspannungen graphisch aufgetragen, unter genauer Berücksichtigung des Querschnittes an jeder Stelle. Wir haben jedoch überall, wo gemessen wurde, festgestellt, dass die Spannungen durch geringe, örtliche Querschnittsänderungen, z. B. solche durch Nietlöcher, wenig beeinflusst werden. Dies beweist u. a. Abb. 111 (Ergebnis der Messung über eine dreireihig überlappte Nietnaht).

Ein anderer Vorschlag, den Blechquerschnitt in den Aussenreihen durch Verwendung von Nieten, die dünner sind als die der Mittelreihe, zu schonen, läuft der Vorliebe der Werkstätte für das Einfache zuwider, dürfte auch aus Festigkeitsrücksichten nicht vorteilhaft sein.

Die Länge der Teilungen ist begrenzt; sie ist von der Möglichkeit erfolgreichen Verstemmens abhängig. Infolge der in Kap. 14 nachgewiesenen starken Biegungsspannungen einer überlappten Längsnaht entlang folgern wir, dass Dichtschweissen nicht ohne weiteres zulässig ist. (Schluss von Kap. 17.)

Vorstehende Erwägungen führen zum Schluss, dass der dreireihigen überlappten Naht Mängel anhaften, die sie als unzweckmässig für Längsnähte erscheinen lassen. Besser gestalten sich die Verhältnisse jedoch bei Rundnähten von zylindrischen Mänteln, weil bei diesen Biegungsspannungen in geringerem Mass erscheinen.

22. Voraussetzungen für die Berechnung der Doppellaschen-Nietung.

1. Massnahmen gegen Blechbruch.

Für Dampfkessel mit grossem Rauminhalt und hohem Druck ist nur mehrreihige Doppellaschen-Nietung anwendbar; am gebräuchlichsten ist die Anwendung von drei Reihen. Gemäss Kap. 9 erleiden die Nieten der ersten (äussersten) Reihe die grösste Beanspruchung. Zur Verminderung der Schubspannungen in den Nieten sollte die Zahl derselben bezw. diejenige der Nietquerschnitte hier am grössten sein. Dieser Forderung steht entgegen, dass gerade in der ersten Reihe das Blech durch Nietlöcher nur sehr wenig geschwächt werden darf. Keiner dieser entgegengesetzten Forderungen kann völlig entsprochen werden, man ist vielmehr genötigt, eine mittlere Linie einzuschlagen.

Die Statistik der Explosionen lehrt, dass das Blech am häufigsten in der ersten, d. h. äussersten Nietreihe bricht und dass Brüche auch in der zweiten vorkommen. Davon, dass eine Naht wegen Abscherung der Nieten bei völlig unversehrtem Blech geborsten sei, hat der Verfasser nie vernommen, auch nicht, dass der Bruch im Blech in der innersten Nietreihe stattgefunden hätte, oder in den Laschen. Solchen Erfahrungen schulden wir gebührende Rücksicht. Es ist im Hinblick auf die Bruchgefahr somit nicht statthaft, das Blech eines Zylindermantels in der ersten (äussersten) Nietreihe der Längsnaht durch viele Nietlöcher bezw. eine enge Einteilung der Nieten zu schwächen. Als Beweis für die Richtigkeit dieser Anschauung kann auf den Versuch mit Stäben V und VIb, Seite 56, hingewiesen werden; sie brachen im Blech bei der ersten Niete, obwohl z_1 hier am grössten, d. h. $= 0{,}888$ war, wogegen $z_2 = 0{,}775$ und $z_3 = 0{,}662$.

2. Nietquerschnitt und Verteilung der Nieten.

Würde man einer andern als der oben festgelegten Richtlinie folgen, z. B. derjenigen, dafür zu sorgen, dass alle Nieten einer Naht gleichmässig auf Schub beansprucht sind, so müsste, gemäss den Versuchen mit Stäben Ib und IIb (Seite 47 oben), der Nietquerschnitt bezw. die Zahl der Nieten so verteilt werden, dass auf Reihe I ungefähr 77 %, auf II 7—8 %, auf III 15 % entfallen. Eine solche Verteilung ist, wie wir sahen, nicht statthaft. Sind dagegen in die erste Reihe nur wenig Nieten verlegt, so werden diese bedeutend stärker auf Schub beansprucht als die übrigen, insbesondere bei Einschnittigkeit.

Die Beanspruchung der Nieten hängt von der Grösse der innern rel. Verschiebung ab. Diese kann nur durch die Wahl von Laschendicke und Laschenbreite beeinflusst werden; diese Verschiebungen nehmen mit Breite und Dicke der Laschen zu. Veränderliche Laschendicke, z. B. solche, die in der Mitte am grössten, am Rand am geringsten ist, wäre theoretisch gerechtfertigt, praktisch jedoch nicht gut durchführbar. Die Lage der Nieten spielt hinsichtlich der innern rel. Verschiebungen keine Rolle, diese Verschiebungen werden durch die Verteilung der einzelnen Nieten, d. h. durch das Vernietungsbild nicht beeinflusst. Umgekehrt jedoch ist die Beanspruchung der Nieten von ihrer Lage abhängig — die Nieten der äussersten Reihe erfahren grösste Beanspruchung.

Andere Gesichtspunkte als diese gelten mit Bezug auf äussere rel. Verschiebung. Wer eine Nietnaht entwirft, hat zur Aufgabe, zu verhindern, dass äussere rel. Verschiebungen ausgeprägt bleibenden Charakter annehmen, nach bisheriger Ausdrucksweise: Gleiten darf nicht auftreten, der „Gleitwiderstand" nicht überwunden werden. Dieser Forderung wird in erster Linie durch die Berücksichtigung eines genügenden Nietquerschnittes entsprochen, sodann wäre es das einfachste, die Nieten gleichmässig über die Naht zu verteilen.

Unter diesen auseinandergehenden Forderungen stellen wir diejenige der Vermeidung von Blechbrüchen obenan. Sodann muss der Nietquerschnitt überhaupt genügen. Wie soll er verteilt werden? Wie bisher sollen die Teilungen der ersten Nietreihe (t_1) weiter sein als in späteren Reihen. Es ist heute gebräuchlich, bei einer zweiten und dritten Reihe — die dreireihige Naht sei ins Auge gefasst — die Nietabstände gleich lang zu machen $t_2 = t_3$. Der Verfasser schlägt vor, auch in der zweiten Reihe längere Abstände als in der dritten anzuordnen ($t_1 > t_2 > t_3$). Dabei wird die Bruchgefahr in der zweiten Reihe nicht nur vermindert, sondern den Spannungsverhältnissen, wie wir sie hiervor feststellen konnten, wird überhaupt besser Rechnung getragen (Nietbeanspruchung in der dritten Reihe grösser als in der zweiten).

Dieser Vorschlag ist durchführbar, wenn t_2, die Teilung in der zweiten Nietreihe, nicht mehr ein rundes Vielfaches von t_1 derjenigen der ersten darstellt. Das Festigkeitsverhältnis z_1 der ersten Reihe wird angenommen; seine Höhe richtet sich nach dem Umstand, ob der Blechrand gestemmt oder dicht geschweisst wird; z_2 in der zweiten Reihe wird ebenfalls angenommen, und zwar so, dass $t_2 < t_1$, im übrigen innerhalb technischem Ermessen beliebig.

Indem man die Nieten in der dritten Reihe dichter als in der zweiten und ersten anordnet, hat man es in der Hand, den Nietquerschnitt auf das gewünschte Mass zu ergänzen. Mit Bezug auf Festigkeit weiss man aus Früherem (Kap. 9), dass in der dritten Reihe das Blech der Versuchstäbe nur schwach auf Zug beansprucht war. Bei der Längsnaht eines Mantels das Blech in der dritten Reihe durch Nietlöcher zu schwächen, auch wenn die Zahl der Löcher beträchtlich ist, bleibt daher ohne allen Nachteil. Die Laschen an dieser Stelle zu schwächen, könnte dagegen nachteilig wirken. Die Laschen müssen also gegenüber dem Blech so dick gemacht werden, dass Bruchgefahr infolge der in der dritten Reihe gebohrten zahlreichern Nietlöcher nicht entstehen kann. Nur müssen wir uns vor Augen halten, dass dicke Laschen wiederum dahin wirken, die Schubspannungen in den Nieten der ersten Reihe entsprechend zu erhöhen (Seite 43).

Endlich gehört zur Durchführung des Vorschlages noch ein zu treffender Entscheid über die Grösse der den Nieten zuzumutenden Schubspannungen. Die Ansätze sollen für verschiedene Reihen verschieden hoch genommen werden. Bisher ist am Zeichnungstisch nicht anders als mit einer mittleren Schubbeanspruchung der Nieten gerechnet worden; als höchstzulässig wurde $\tau_m = 700$ kg/cm² *) angenommen. (Für die Beurteilung dieses Wertes siehe Kap. 11, Schluss.) Vorschlag des Verfassers:

Reihe I $\tau_1 = 700$ kg/cm²
Reihe II $\tau_2 = 600$ kg/cm²
Reihe III $\tau_3 = 500$ kg/cm²

(Man wird diese Ansätze in engem Rahmen auch ändern dürfen.) Diese Annahmen leisten dem Entwurf einer dreireihigen Nietnaht bei der $t_1 > t_2 > t_3$ Vorschub; die Festigkeitsberechnung ist in Kap. 23 angegeben.

Durch die Wahl von Teilungen t_1 t_2 t_3, die unter sich in runden Zahlen nicht mehr teilbar sind, verlieren die Vernietungen das bisherige regelmässige Aussehen. Wir verlassen die Teilungsbilder gemäss Abb. 146 und gehen über zu solchen, von denen Abb. 153 einige Muster zeigt. Dabei werden die Nieten ein und derselben Art bald im Zickzack, bald in Kette zueinander stehen. Der Beweis, dass die Festigkeit einer Naht hiedurch keinen Abbruch erleidet, ist in Kap. 19 geführt. Die Laschen dürfen jedoch nicht schmäler als bei einer Kettennietung gemacht werden.

*) **Hamburger Normen 1905.**

Nietnähte mit mehr als 3 Reihen hat der Verfasser nicht in den Kreis der Betrachtung gezogen. Es sei wiederholt, dass dann erhöhte Rücksicht auf die Festigkeit der Laschen in der letzten Nietreihe genommen werden muss, was eher auf eine Verteilung der Nieten nach Art des Typus q der Abb. 146 (Zellulosekocher) hinweist. Das Teilungsbild braucht indessen kein regelmässiges zu sein.

3. Nietendicke.

Der Nietquerschnitt kann in der hintersten (innersten) Reihe auch durch die Verwendung dickerer Nieten vergrössert werden. Dieser Weg führt jedoch zu schwieriger und teurer Fabrikation.

23. Die Berechnung genieteter Doppellaschen-Verbindungen.

Die nachfolgenden Ausführungen stützen sich auf diejenigen von Kap. 22. Für unregelmässige und regelmässige Nietbilder gelten folgende Beziehungen.

1. Gleich breite Laschen, gleiche Zahl der Nietschnitte für beide.

a) Doppellaschen-Vernietung mit zwei Nietreihen. Man setzt voraus, dass vor der ersten Nietreihe, d. h. im Laschenrand, Spannungen noch nicht vom Blech an die Laschen übergehen.

Reihe I

$$\frac{D\,p\,t_1}{2} = s\,(t_1 - d)\,\sigma_1 \qquad 1)$$

$$\sigma_1 = \frac{D\,p}{2\,s\,z_1} \quad (\mathrm{kg/cm^2}) \qquad 2)$$

$$s = \frac{D\,p}{2\,\sigma_1\,z_1} \quad (\mathrm{cm}) \qquad 3)$$

$$s = \frac{D\,p\,x}{2\,K\,z_1}\,(+c) \quad (\mathrm{cm}) \qquad 4)$$

t_1 und $z_1 = (t_1 - d) : t_1$ beziehen sich auf Reihe I.

Gleichung 3) ist anwendbar, sobald σ_1 gegeben ist. Zur Berechnung der Blechdicke wird in der Regel Gleichung 4) benützt, wobei man annimmt

$$\sigma = K : x \qquad 5)$$

Der Sicherheitsfaktor x ist abhängig von der Art der Nietverbindung und davon, ob von Hand oder mit der Maschine genietet wird; der Wert von x kann den Hamburger Normen (1905) entnommen oder gemäss später aufzustellenden Vereinbarungen bestimmt werden. Ist die Blechfestigkeit K aus Versuchen nicht bekannt, so wird hiefür ein Mittelwert angenommen, gewöhnlich 3600 kg/cm². Dann wird, wenn $x = 4$ bis 4,75 der Höchstwert für σ 900 bis 760 kg/cm². Die Konstante c bedeutet gemäss früherer Vereinbarung den festen Zuschlag von 0,1 cm.

Die Nieten von Nietreihe I übertragen einen Teil der Zugspannungen des Blechs an die Laschen, jede zweischnittige Niete überträgt die Kraft $2 \frac{\pi d^2}{4} \tau_1$. Auf 1 cm Länge der Teilung t_1 oder überhaupt der Reihe I wird die Kraft $\frac{1}{t_1} 2 \frac{\pi d_2}{4} \tau_1$ an die Laschen übertragen, das Blech in der Nietreihe II infolgedessen um soviel entlastet. Die Entlastung auf die Länge der Teilung t_2 der Reihe II beträgt daher das t_2 fache, somit

$$2 \frac{t_2}{t_1} \tau_1 \frac{\pi d^2}{4} \tag{6}$$

Für τ_1 setzen wir gemäss Kap. 22 höchstens 700 kg/cm² ein. Es folgt

Reihe II

$$\frac{D p t_2}{2} = s (t_2 - d) \sigma_2 + 2 \frac{t_2}{t_1} \tau_1 \frac{\pi d^2}{4} \tag{7}$$

$$\sigma_2 = \frac{D p}{2 s z_2} - 2 \frac{t_2}{t_1} \frac{\tau_1}{s (t_2 - d)} \frac{\pi d^2}{4} \quad (\text{kg/cm}^2) \tag{8}$$

$$s = \frac{D p}{2 \sigma_2 z_2} - 2 \frac{t_2}{t_1} \frac{\tau_1}{\sigma_2 (t_2 - d)} \frac{\pi d^2}{4} (+ c) \quad (\text{cm}) \tag{9}$$

$$s = \frac{D p x}{2 K z_2} - 2 \frac{t_2}{t_1} \frac{x \tau_1}{K (t_2 - d)} \frac{\pi d^2}{4} (+ c) \quad (\text{cm}) \tag{10}$$

t_2 und $z_2 = (t_2 - d) : t_2$ beziehen sich auf Reihe II. Sind die Nietendurchmesser in zwei Reihen verschieden, so kann dies in den Gleichungen bei $\frac{\pi d^2}{4}$ berücksichtigt werden. Gleichung 9) ist anwendbar, sobald σ_2 gegeben ist. Ohne diese Angabe wird angenommen $\sigma_2 = K : x$. Dann gilt zur Bestimmung von s die Gleichung 10). Die Blechdicke ist sowohl gemäss Gleichung 4) als auch 10) auszurechnen; zu wählen ist die grössere der beiden. Ist der Entscheid gefallen, d. h. die Blechdicke s nach einer der Gleichungen 4) und 10) bestimmt, so ist von da an der Wert von σ_1 gemäss Gl. 2) als verschieden von demjenigen von σ_2 gemäss Gl. 8) aufzufassen, obwohl bei der annäherungsweisen Berechnung von s gemäss Gleichungen 4) und 10) gesetzt wurde $\sigma_1 = \sigma_2 = K : x$, in der Meinung, σ dürfe den Wert $K : x$ in keiner der beiden Reihen übersteigen. Nach erfolgtem Entscheid hat nämlich nur noch eine von den Gleichungen 4) und 10) für den betreffenden Kessel oder Behälter Gültigkeit.

Wir haben noch über die Teilungen t_1 und t_2 einen Entscheid zu treffen. t_1 ist davon abhängig, dass die Blechkante mit Erfolg dicht gestemmt werden kann, es sei denn, dass wir uns zur Dichtschweissung (Kap. 17) entschliessen; in diesem Fall kann z_1 bis zu 90 % genommen werden. t_2 wird zunächst aus dem angenommenen z_2 bestimmt gemäss

$$t_2 = \frac{d}{1 - z_2} \qquad 11)$$

wobei $t_2 \leqq t_1$, im übrigen ist man in der Wahl frei, sofern nicht darauf gehalten wird, dass das Nietbild regelmässig aussieht. — Es sei ausdrücklich auf die Anmerkung unter dem Strich verwiesen.*) — Zahlenbeispiele folgen.

---

*) Anmerkung: Es ist bei Nietnahtberechnungen gebräuchlich, Gleichung 9) bezw. 10) durch die Annahme

$$\tau = 0{,}85\,\sigma \qquad 12)$$

zu vereinfachen, entsprechend

$$K_s \sim 0{,}85\,K_z$$

so dass Gleichung 9) lautet

$$s = \frac{D\,p}{2\,\sigma_2\,z_2} - 2\,\frac{t_2}{t_1}\,\frac{0{,}85\,\sigma_1}{(t_2 - d)\,\sigma_2}\,\frac{\pi d^2}{4}\,(+\,c)$$

σ_1 wird dann gegen σ_2 gestrichen, unter der Voraussetzung, beide seien gleich gross. Man erhält dann

$$s = \frac{D\,p}{2\,\sigma_2\,z_2} - 2\,\frac{t_2}{t_1}\,\frac{0{,}85}{t_2 - d}\,\frac{\pi d^2}{4}\,(+\,c) \qquad 13)$$

(Fortsetzung folgende Seite.)

Wir gehen über zur Berechnung der

b) Doppellaschen-Vernietung mit drei Nietreihen, wobei wir gemäss Kap. 22 annehmen
Reihe I $\tau_1 = 700$ kg/cm² Reihe II $\tau_2 = 600$ kg/cm²

Für die Reihen I und II gelten die Gleichungen 1) bis 4) bezw. 7) bis 10). Für Reihe III:

Reihe III

$$\frac{D\,p\,t_3}{2} = s\,(t_3 - d)\,\sigma_3 + 2\,\frac{t_3}{t_2}\,\frac{\pi\,d^2}{4}\,\tau_2 + 2\,\frac{t_3}{t_1}\,\frac{\pi\,d^2}{4}\,\tau_1 \qquad 15)$$

$$\sigma_3 = \frac{D\,p}{2\,s\,z_3} - 2\,\frac{t_3}{t_2}\,\frac{\tau_2}{s\,(t_3 - d)}\,\frac{\pi\,d^2}{4} - 2\,\frac{t_3}{t_1}\,\frac{\tau_1}{s\,(t_3 - d)}\,\frac{\pi\,d^2}{4} \quad (\mathrm{kg/cm^2}) \qquad 16)$$

$$s = \frac{D\,p\,x}{2\,K\,z_3} - 2\,\frac{t_3}{t_2}\,\frac{x\,\tau_2}{K\,(t_3 - d)}\,\frac{\pi\,d^2}{4} - 2\,\frac{t_3}{t_1}\,\frac{x\,\tau_1}{K\,(t_3 - d)}\,\frac{\pi\,d^2}{4}\,(+c)\;(\mathrm{cm}) \qquad 17)$$

Wir haben oben jedoch gesehen, dass dies nicht zutrifft, σ_1 gilt für die erste, σ_2 für die zweite Naht; beide σ sind voneinander verschieden. Es ist üblich, die Blechdicke wie folgt zu berechnen:

$$s = \frac{D\,p\,x}{2\,K\,z} + c$$

Hat eine Naht mehrere Nietreihen, so wird die für jede Reihe zulässige Blechdicke einzeln berechnet und richtigerweise für den Kessel die grösste gewählt. z obiger Formel wird dann substituiert durch z_1 bezw. z_2, je nachdem es sich um die erste bezw. die zweite Reihe handelt. Dabei ist die Herleitung von z_1 und z_2 allgemein folgende:

(erste Reihe) $$z_1 = \frac{t - d}{t}$$

(zweite Reihe) $$t\,s\,z_2\,\sigma = (t - n''d)\,s\,\sigma + 2\,\tau\,\frac{\pi\,d^2}{4}$$

n'' bedeutet die Zahl der Nieten bezw. der Nietlöcher in der zweiten Reihe innerhalb der allgemeinen Teilung t. Für einschnittige Nieten heisst der zweite Summand $\tau\,\frac{\pi\,d^2}{4}$

Da man annimmt $\tau = 0{,}85\,\sigma$ wird für die zweite Reihe, bei zweischnittigen Nieten

$$z_2 = \frac{(t - n''d)\,s + 2\cdot 0{,}85\,\frac{\pi\,d^2}{4}}{t\,s} = \frac{t - n''d}{t} + 2\,\frac{0{,}85}{t\,s}\,\frac{\pi\,d^2}{4} \qquad 14)$$

Dabei wird ausser acht gelassen, dass obiger Ansatz geschrieben werden sollte

$$t\,s\,z_2\,\sigma_2 = (t - n''d)\,s\,\sigma_2 + 2\,\tau_1\,\frac{\pi\,d^2}{2}$$

(Fortsetzung folgende Seite.)

Beispiel A. Zugspannungen im Blech bei einer dreireihigen Doppellaschen-Nietung mit regelmässigem Vernietungsbild (gemäss Abb. 146, Typus g).

$D = 150$ cm, $p = 25$ at, s (Blech) $= 3{,}3$ cm, s (Laschen) $= 2{,}4 + 2{,}2$ cm, $d = 3{,}0$ m, $t_1 = t_2 = t_3 = 11{,}25$ cm, $z_1 = z_2 = z_3 = 0{,}722$.

Reihe I	(Gleichung 2)	σ_1	$= 787$ kg/cm^2
Reihe II	(Gleichung 8)	$\sigma_2 = 787 - 369$	$= 418$ kg/cm^2
Reihe III	(Gleichung 16)	$\sigma_3 = 787 - 316 - 369$	$= 102$ kg/cm^2

$$\tau_{Mittel} = 497 \text{ kg/cm}^2$$

In jeder der drei sich folgenden Reihen nimmt die Blechspannung erheblich ab.

B. Gleiches Beispiel, jedoch, nach Vorschlag des Verfassers, $t_1 \neq t_2 \neq t_3$. z_1 werde zu 0,85 und z_2 zu 0,80 festgesetzt. Welches ist t_3 und wie gross sind die Spannungen in Blech und Laschen?

Gemäss Gleichung 11) ist $t_1 = 20$ cm, $t_2 = 15$ cm.

---

und dass die allgemeine Annahme $\tau = 0{,}85\,\sigma$ nicht zutrifft, sondern nur $\tau_1 = 0{,}85\,\sigma_1$, d. h. die Schubbeanspruchung der Nieten der ersten Reihe darf in Beziehung mit der Zugbeanspruchung σ_1 der ersten Reihe gebracht werden, jedoch nicht mit der der zweiten. $\tau_1 = 0{,}85\,\sigma_2$ trifft nicht zu, weil $\sigma_2 \neq \sigma_1$. Das wahre Verhältnis von τ_1 zu σ_2 wird nicht durch den Faktor 0,85 ausgedrückt, sondern durch einen andern unbekannten, bezw. erst durch besondere Rechnung zu bestimmenden. Infolge dieser Ueberlegung müssen sowohl Gleichungen 13) als auch 14) als unzutreffend beanstandet werden.

Ausserdem ist noch zu bedenken, dass σ durch $K:x$ substituiert wird, wobei x zwischen den Grenzen 4 und 4,75 liegt. Mit veränderlichen x würde τ bei $\tau = 0{,}85\,\sigma$ sich ebenfalls ändern, was keinen Sinn hätte.

Das Schwierige dabei ist nun, dass die Gleichungen 9) und 10) sowie alle spätern zu anderer Blechdicke führen als die Rechnungsweise gemäss Gleichungen 13) und 14). Der Verfasser sieht jedoch, bessere Belehrung vorbehalten, Gleichungen 9) und 10) und die gleicherweise aufgebauten als richtig an. Man ersieht daraus, dass nicht nur die Konstanten K, x und c nach vereinbartem einheitlichem Schema anzuwenden sind, sondern dass künftig auch der Rechnungsgang klar gestellt werden muss, wenn es nicht vorkommen soll, dass für ein und denselben Kessel ungleiche Blechdicken berechnet werden, je nach der Formel, die man hiebei anwendet.

Aufstellung der Spannungen (Spannungsbilanz) für das Beispiel B:

Im vollen Blech überträgt ein Streifen von t_1 cm Breite insgesamt die Tangentialspannungen

$\frac{D\,p\,t_1}{2}$ $= 37\,500$ kg $=$ A

Reihe I. Eine Niete überträgt innerhalb t_1 vom Blech an die Laschen die Spannungen $2\,\frac{\pi\,d^2}{4}\,700 = 9\,900$ kg.

Bleibt im Blech zwischen I und II innerhalb t_1 27 600 kg $=$ B

Reihe II. Innerhalb t_1 werden durch die Nieten an die Laschen übertragen

$2\,\frac{t_1}{t_2}\,\frac{\pi\,d^2}{4}\,600 =$ 11 300 kg.

Bleibt im Blech zwischen II und III 16 300 kg $=$ C

Reihe III. Die Nieten müssen innerhalb t_1 übertragen 16 300 kg $=$ C

Zahl der Nietschnitte in III

$q = C : \tau_3\,\frac{\pi\,d^2}{4} = 4{,}6$, wenn $\tau_3 = 500$ kg/cm²

$n = q : 2 = 2{,}3 =$ Nietenzahl

$t_3 = t_1 : n = 8{,}7$ cm $=$ Teilung

$z_3 = (t_3 - d) : t_3 = 65{,}5\,\%$

σ_1 nach Gleichung 2) $=$ $= 668$ kg/cm²

σ_2 nach Gleichung 8) $= 711 - 187$ $= 524$ kg/cm²

σ_3 nach Gleichung 16) $= 868 - 261 - 229$ $= 378$ kg/cm²

$\tau_{Mittel} = \frac{D\,p\,t_1}{2} : (q_1 + q_2 + q_3)\,\frac{\pi\,d^2}{4}$ $= 640$ kg/cm²

Eine Teilstrecke $t_1 = 20$ cm setzt Dichtungsschweissung der Laschenränder voraus.

$\sigma_{Laschen} = \frac{D\,p}{2\,s_L\,z_3}$ $= 622$ kg/cm²

Nach Beispiel B sind die Spannungen im Blech besser ausgeglichen als nach A. In Abb. 153 (Seite 140) ist das für Beispiel B gültige Vernietungsbild unter a veranschaulicht.

2. Ungleich breite Laschen, ungleiche Zahl der Nietschnitte für beide.

a) Doppellaschen-Vernietung mit zwei Nietreihen, bei denen die Nieten der ersten Reihe einschnittig sind (sog. 1 ½ fache Vernietung).

Die Herleitungsgleichungen sind diejenigen des vorangehenden Abschnittes 1, jedoch unter Berücksichtigung der Einschnittigkeit der Nieten von Reihe I.

Reihe I

$$\sigma_1 = \frac{D\,p}{2\,s\,z_1} \qquad \text{(kg/cm}^2) \qquad 2)$$

$$s = \frac{D\,p\,x}{2\,K\,z_1} (+\,c) \qquad \text{(cm)} \qquad 3)$$

Reihe II

$$\sigma_2 = \frac{D\,p}{2\,s\,z_2} - \frac{t_2}{t_1} \frac{\tau_1}{s\,(t_2 - d)} \frac{\pi\,d^2}{4} \qquad \text{(kg/cm}^2) \qquad 18)$$

$$s = \frac{D\,p\,x}{2\,K\,z_2} - \frac{t_2}{t_1} \frac{x\,\tau_1}{K\,(t_2 - d)} \frac{\pi\,d^2}{4} \qquad \text{(cm)} \qquad 19)$$

Bei den meisten ausgeführten Vernietungen mit regelmässigem Vernietungsbild (Abb. 146, Typen *k* und *l*) ist t_1 das 2 oder 1,5 fache von t_2, so dass fast immer gute Verhältnisse vorliegen.

b) Doppellaschen-Vernietung mit drei Nietreihen, bei denen die Nieten der ersten Reihe einschnittig sind (sog. 2 ½ fache Vernietung).

Für die Reihen I und II gelten die Gleichungen 2) und 3) bezw. 18) und 19); für Reihe III die folgenden

Reihe III

$$\sigma_3 = \frac{D\,p}{2\,s\,z_3} - 2\,\frac{t_3}{t_2} \frac{\tau_2}{s(t_3 - d)} \frac{\pi\,d^2}{4} - \frac{t_3}{t_1} \frac{\tau_1}{s(t_3 - d)} \frac{\pi\,d^2}{4} \qquad \text{(kg/cm}^2) \qquad 20)$$

$$s = \frac{D\,p\,x}{2\,K\,z_3} - 2\,\frac{t_3}{t_2} \frac{x\,\tau_2}{K(t_3 - d)} \frac{\pi\,d^2}{4} - \frac{t_3}{t_1} \frac{x\,\tau_1}{K(t_3 - d)} \frac{\pi\,d^2}{4} (+\,c) \qquad \text{(cm)} \qquad 21)$$

Beispiel einer dreireihigen Vernietung, Reihe I einschnittig.

A. Regelmässiges Vernietungsbild gemäss Abb. 146, n.

$D = 130$ cm, $p = 25$ at, s (Blech) $= 2{,}4$ cm, s (Laschen) $=$ $2{,}45 + 2{,}45$ cm, $d = 3{,}0$ cm, $t_1 = 17{,}0$ cm, $t_2 = t_3 = 11.33$ cm.

Reihe I σ_1 (Gl. 2) $= 821$ kg/cm² $z_1 = 0{,}824$
Reihe II σ_2 (Gl. 18) $= 922 - 165 = 757$ kg/cm² $z_2 = 0{,}735$
Reihe III σ_3 (Gl. 20) $= 922 - 424 - 165 = 333$ kg/cm² $z_3 = 0{,}735$

Laschen $\sigma_L = \dfrac{D\,p}{2\,s_L\,z_3} = 452$ kg/cm²

$\tau_{Mittel} = 558$ kg/cm²

B. Gleiches Beispiel, jedoch unregelmässiges Vernietungsbild.

Annahme $z_1 = 0{,}88$ $z_2 = 0{,}80$
daher $t_1 = 25{,}0$ $t_2 = 15{,}0$ Gesucht t_3

Ein Blechstreifen der Breite t_1 überträgt im vollen Blech

$\dfrac{D\,t_1\,p}{2} =$ 40600 kg = A

Reihe I. Eine Niete überträgt innerhalb t_1
vom Blech an die Laschen $\dfrac{\pi\,d^2}{4} \cdot 700 = 4950$ kg

Bleiben im Blech zwischen I und II 35650 kg = B

Reihe II. Innerhalb eines Streifens von t_1
Breite werden vom Blech an die Laschen
übertragen $\dfrac{t_1}{t_2}\ 2 \cdot \dfrac{\pi\,d^2}{4} \cdot 600 = 14140$ kg

Bleiben im Blech zwischen II und III 21510 kg = C

Reihe III. Die Nieten des t_1 breiten Streifens
müssen an die Laschen übertragen 21510 kg = C

Annahme $\tau_3 = 508$ $q = C : \dfrac{\pi\,d^2}{4}\ 508 = 6$ $n = 3$

$t_3 = t_1 : n = 8{,}33$ cm $z_3 = 0{,}640$

Hiebei ist

Reihe I σ_1 (Gl. 2) $= 769$ kg/cm²
Reihe II σ_2 (Gl. 18) $= 847 - 103 = 744$ kg/cm²
Reihe III σ_3 (Gl. 20) $= 1057 - 368 - 130 = 559$ kg/cm²

$$\sigma_{(Laschen)} = \frac{D\,p}{2\,s_L\,z_3} = 518 \text{ kg/cm}^2$$

$$\tau_{Mittel} = 555 \text{ kg/cm}^2.$$

Auch dieses Beispiel lässt erkennen, dass es unter Anwendung ungleicher Teilungen gelingt, das Festigkeitsverhältnis in den äussern Nähten zu vermehren und die Spannungen im Blech in verschiedenen Nietreihen besser auszugleichen.

Da die innere Lasche gewöhnlich nicht verstemmt wird, kann dem Vorschlag des Beispiels B entsprechend t_1 ohne weiteres 25,0 cm lang gemacht werden. Dagegen würde bei der äussern Lasche Dichtschweissen der Ränder nötig. In Abb. 153 ist das Beispiel unter b veranschaulicht.

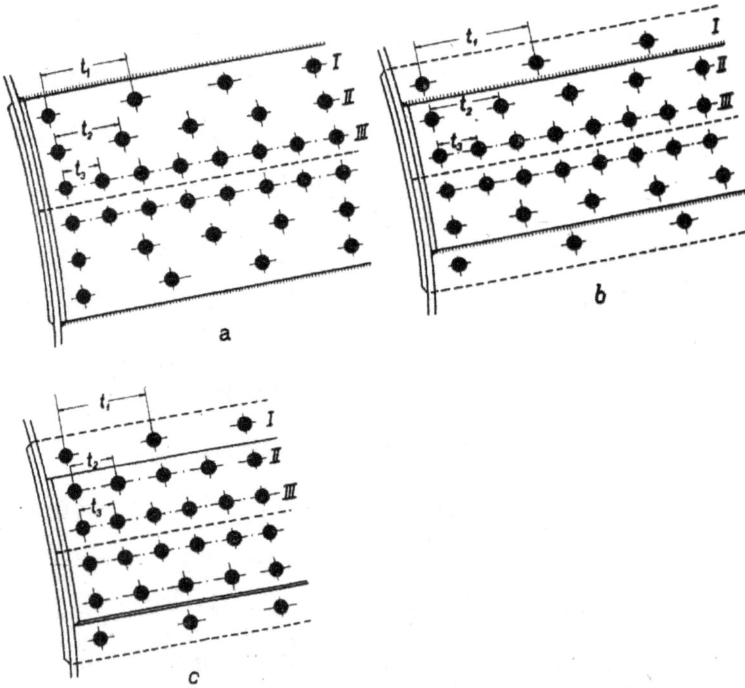

Abb. 153. Unregelmässige Vernietungsbilder (nach Vorschlag des Verfassers).

Es ist zweckmässig, auch bei Nähten, bei denen die Teilstrecken der ersten und zweiten Reihe durch runde Zahlen, wie bisher üblich, teilbar sind, in der dritten Reihe die Nieten zahlreicher als in der zweiten anzuordnen. Abb. 153 c lässt dies erkennen.

3. Genietete Stücklaschen.

Es wurde schon früher angedeutet, dass erhöhte Temperatur rel. Verschiebungen einer dritten Art in genieteten Nähten hervorbringt. Wir sind hierüber z. Z. noch im dunkeln und können nur vermuten, welcher Art solche Verschiebungen sein können, dagegen hat man bereits angefangen, die Deformation ganzer Trommeln infolge ungleicher Temperatur-Einwirkung näher zu untersuchen.*) Es hat sich gezeigt, dass sie sich merklich verziehen (siehe auch Kap. 24 hiernach).

Temperatur-Unterschiede müssen besonders bei Massenanhäufung nachteilig sein, z. B. bei schweren, der Fuge entlang genieteten Laschen, die an Kesseln mit hohem Druck zur Anwendung kommen. Eine aussen liegende durch hohe Temperatur beeinflusste Lasche dehnt sich mehr als die gegenständige wasser- oder dampfgekühlte im Kesselinnern. Nieten und Material überhaupt müssen dann erheblich leiden.

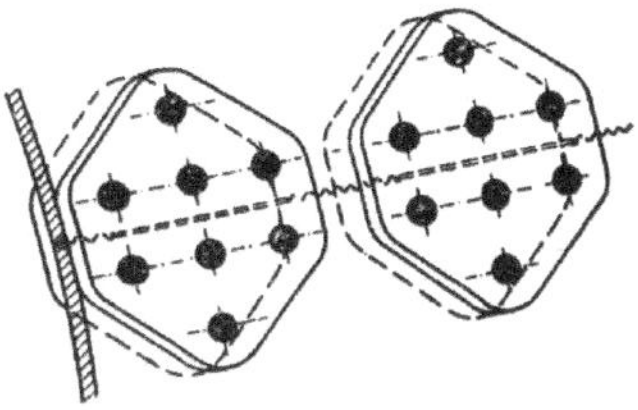

Abb. 154
Genietete Stücklaschen z. Verminderung von Spannungen infolge von Uebertemperatur.

Die Temperatur-Dehnung einer aussen liegenden Lasche kann durch ihre Unterteilung praktisch vermieden werden, wie der Verfasser vorschlägt und Abb. 154 veranschaulicht. Die zwischen den Laschenstücken liegende Blechfuge ist zu verschweissen, die Laschenstücke sind vielleicht auch ringsum ans Blech anzuschweissen, damit die Verbindung recht fest wird.

24. Die Berechnung der Nieten von Rundnähten.

Nieten von Rundnähten zylindrischer Mäntel werden in der Regel berechnet gemäss

$$\frac{\pi D^2}{4} p = n \frac{\pi d^2}{4} \tau \qquad 1)$$

worin D der Manteldurchmesser, n die Zahl der Nieten am Umfang. Für τ wird 700 kg/cm² zugelassen. Gleichung 1) gilt unter der Voraussetzung einschnittiger Beanspruchung der Nieten (d. h. $n = q$ Zahl der Nieten = derjenigen der Nietschnitte).

Gegen diese Berechnung lässt sich nichts einwenden, solange der betr. Zylindermantel nicht auf Biegung beansprucht ist. Sind jedoch Biegungsspannungen im Blech vorhanden, so müssen sich

*) Guilleaume: Erfahrungen und Forderungen des praktischen Dampfkesselbetriebes, Z. V. D. I., 1924, S. 185 u. f.

Biegungskräfte auch in den Nieten der Rundnähte geltend machen. Erhebliche Biegung kann z. B. bei Flammrohrkesseln, die auf mehr als 2 Füssen gelagert sind, auftreten, wenn einige davon sich senken und dabei ein ungünstiger Belastungsfall entsteht. Man beobachtet nämlich häufig, dass Kesselschalen, ob sie aussen beheizt seien oder nicht, sich während des Betriebes in der Mitte bäumen, wahrscheinlich wegen höherer Temperatur des Schalenblechs im Dampf- als im Wasserraum. Solche Kessel heben sich dann von mittlern oder äussern Füssen — sofern mehr als deren zwei vorhanden sind — ab.

Die Beanspruchung der Nieten einer Rundnaht, wenn die Schale nicht bloss auf achsialen Zug sondern auch auf Biegung beansprucht wird, setzt sich zusammen aus

$$\tau = \tau_1 + \tau_2 \qquad (\mathrm{kg/cm^2}) \qquad 2)$$

τ_1 ist die infolge von Biegungskräften wachgerufene Schubspannung und kann berechnet werden gemäss*)

$$\tau_1 = \frac{16\, M}{n\, \pi\, d^2\, D} \qquad (\mathrm{kg/cm^2}) \qquad 3)$$

worin M das Biegungsmoment der Schale in der betr. Naht bedeutet.

τ_2 wird durch den Flüssigkeitsdruck verursacht und folgt aus Gleichung 1)

$$\tau_2 = \frac{p\, D^2}{n\, d^2} \qquad (\mathrm{kg/cm^2}) \qquad 4)$$

25. Zusammenfassung.

1. Nahtlose und geschweisste Trommeln.

Die sicherste Trommel ist anerkanntermassen die nahtlose mit zugezogenen Böden. Diese sind halbkugelförmig. Nachdem es sich gezeigt hat, welch hohe Festigkeit elektrisch geschweissten Stirnnähten innewohnt, sollte auch das Einnieten halbkugelförmiger Böden in nahtlose Mäntel unter Verschweissung der Ränder von Mantel und Boden innerhalb gewisser Grenzen zulässig sein. Böden können bis zu erheblicher Wandstärke überlappt eingenietet

*) Herleitung der Gleichung in Z. V. D. I. 1918, S. 141 (Höhn: Die Stützung von Dampfkesseln und Wasserleitungen).

werden, weil bei einer überlappten Rundnaht weit geringere Biegungsspannungen in die Erscheinung treten als bei überlappten Längsnähten. Böden können, bei nicht allzugrosser Blechdicke, auch stumpf an die Mäntel angeschweisst (autogen oder elektrisch) und die Rundnähte durch elektrisch darüber geschweisste Laschenstücke gesichert werden.

Wassergas-geschweisste Trommeln mit zugezogenen Böden erreichen durch ein besonderes Verfahren bei der Wasserdruckprobe einen hohen Grad der Sicherheit. Das Verfahren besteht darin, die Trommeln auf so hohen Druck zu pressen, dass die (üblich gerechnete) Tangentialspannung rd 1500 kg/cm^2 erreicht, und in nachherigem Glühen der Trommeln.

Kessel und Behälter, die nicht allzu dicke Wände haben und die im Betrieb nicht besonders hohen Temperaturen unterliegen, können autogen oder elektrisch geschweisst werden, umsomehr, als ein Verfahren gezeigt wird, womit es gelingt, geschweisste Nähte durch Laschen zu sichern. Das Verfahren besteht darin, Stücklaschen beidseitig über die Nähte elektrisch anzuschweissen. Solche Laschen brechen eher, als dass sie vom Blech abgerissen werden. Sie erhöhen nicht nur den Querschnitt einer Naht (um den Betrag ihres eigenen Querschnittes), sondern auch das Widerstandsmoment hinsichtlich der Nahtmitte, so dass Biegungsspannungen unschädlich werden. Der Nachweis wird geleistet, dass solchen Verbindungen auch eine gewisse Zähigkeit innewohnt und dass diese den Flankennähten der Laschen zu verdanken ist. Versuche haben bewiesen, dass durch Anwendung dieses Verfahrens die Nähte dermassen verstärkt werden können, dass der betr. Hohlkörper bei höchster Beanspruchung in der vollen Wand bersten muss. Auf den Unterschied in der Temperatur-Einwirkung bei elektrischer und autogener Schweissung wird hingewiesen. Beiden Verfahren steht, infolge des Preisunterschiedes von geschweissten gegenüber genieteten Nähten, eine gewisse Zukunft bevor. Leider sind geschweisste Nähte in stärkerm Mass vom Können und der Zuverlässigkeit des Arbeiters als genietete abhängig. Es ist in der Praxis noch zu wenig durchgedrungen, dass bei elektrischen Schweissungen die Eignung der Elektrode für die Güte des Arbeitserzeugnisses massgebend ist (der Verfasser gibt bewickelten Elektroden entschieden den Vorzug). Gleichstrom bedingt ruhigern Arbeitsgang und geringere Temperaturen als Wechselstrom.

2. Genietete Trommeln.

Ist schon früher erkannt worden, dass vernietete Bleche gegeneinander gleiten können und der „Gleitwiderstand" nicht überschritten werden darf, so wird hier nachgewiesen, dass bei einer genieteten Naht bei jeder Belastung auf Zug innere rel. Verschiebungen entstehen. Hierauf ist die verschiedene Beanspruchung der Nieten zurückzuführen. Lage und Zahl der Nieten ändern dagegen wenig oder nichts an den innern rel. Verschiebungen, massgebend hiefür sind Dicke und Breite der Laschen und namentlich das Vorhandensein von Dichtungsschweissnähten. Was frühere Forscher „Gleiten" genannt haben, wird im Vorliegenden mit dem Ausdruck äussere rel. Verschiebung bezeichnet. Diese steht im Zusammenhang mit Beschaffenheit und Zahl der Nieten (Kopfnieten, versenkte Nieten, gestemmt oder ungestemmt, sattes Anliegen von Nietschaft an Lochwand). Innere und äussere rel. Verschiebungen können federnd oder bleibend sein. Bleibende äussere rel. Verschiebung tritt in die Erscheinung, sobald der Verband der Blechoberflächen aufgehoben ist.

Verschweissen der Ränder genieteter Laschen mit dem Blech ändert den Spannungszustand von Grund aus; die Schweissnähte dominieren. Dabei wird die Festigkeit der Verbindung in der Regel erheblich erhöht.

Bei Laschen, die zur Erhöhung der Sicherheit über geschweisste Längsnähte genietet werden, wird bloss Wirksamkeit bezw. teilweise Wirksamkeit erzielt, wenn die Laschen ziemlich breit sind und ihre Gesamtdicke diejenige des Blechs erheblich übersteigt. Es handelt sich um Doppel-Laschen; die Anwendung von einseitigen ist fehlerhaft.

Die Ergebnisse von Spannungsmessungen an genieteten Längsnähten von Kesseln deuten darauf hin, dass in allen Fällen Biegungsspannungen an den Laschenrändern (Blechrändern bei überlappter Vernietung) in die Erscheinung treten. Bei der sog. 1 $^{1}/_{2}$-fachen und 2 $^{1}/_{2}$-fachen Vernietung sind die Biegungsspannungen besonders deutlich feststellbar. Bei der überlappten Nietung endlich betragen die Biegungsspannungen sogar ein Mehrfaches der Zugspannungen. Diese letzte Feststellung ist geeignet, ein Licht auf manche Explosion in der Vergangenheit zu werfen. Künftig muss die Zulassung der überlappten Naht an verschärfte Bedingungen geknüpft werden (z. B. Erhöhung des Sicherheitsfaktors x).

Die Sicherheitsfaktoren (x) der Nietverbindungen mit Doppellaschen, nach heutiger Uebereinkunft 4 bis 4,35, sind gefühlsmässig so festgesetzt und haben sich in der Praxis bewährt, ohne dass man über die Berechtigung der Höhe einzelner Stufen im klaren wäre. Gegen die Verwendung der 1 $^{1}/_{2}$- und 2 $^{1}/_{2}$-fachen Vernietung z. B. spricht das Auftreten der oben erwähnten Biegungsspannungen, für sie eine gewisse Schmiegsamkeit der Laschen wegen stufenweiser Zunahme der Dicke des Querschnittes (von Blech zu Laschen) und dass Stemmkanten oder Dichtungsnähte hinsichtlich des Blechs einander nicht gegenüberliegen. Jedenfalls ist die Frage aufzuwerfen, ob auch künftig der Maschinennietung gegenüber der Handnietung Vorteile einzuräumen seien, im Hinblick auf vorgekommene Schäden bei Maschinennietung und auf die Möglichkeit ihrer Wiederholung.

Für das Entwerfen von Nietverbindungen werden neue Wege gezeigt, desgleichen für die Festigkeitsberechnung von Nietnähten. Der Vorschlag, die Nieten ohne Rücksicht auf regelmässige Wiederholung der Bilder einzelner Teilungsfelder einzuteilen, hat den Zweck, die erste und zweite Nietreihe durch Löcher möglichst wenig zu schwächen, zur Verminderung der Gefahr von Blechbrüchen. Sicherheit dagegen, dass äussere rel. Verschiebung in die Erscheinung tritt, bieten zahlreiche in die dritte Reihe (einer dreireihigen Naht) verlegte Nieten. Würden die Nieten nur nach dem Gesichtspunkt gleichmässiger Nietbeanspruchung eingeteilt, so müssten in die erste Reihe am meisten, in die zweite am wenigsten Nieten verlegt werden. Dagegen sollte mehr auf gleichmässige Beanspruchung des Blechs in den verschiedenen Reihen geachtet werden; um diesem Ziel näher zu kommen, wird stufenweis abnehmende Beanspruchung ($\tau_1 > \tau_2 > \tau_3$) der Nieten in den Reihen von aussen gegen die Mitte zu in Vorschlag gebracht. Die Beanspruchung der Nieten, namentlich zweischnittiger, setzt sich aus Biegung und Schub zusammen; in der ersten Phase erscheint zur Hauptsache Biegung, in der letzten Schub. Künftig sind nicht nur über Sicherheitsfaktoren (x) Vereinbarungen zu treffen, sondern auch über den Gang der Festigkeitsrechnung einer Nietnaht (Anmerkung auf S. 134), soll die Blechdicke eindeutig berechnet werden.

Die Verbindung von Blechen durch Schweissnähte ist im Hinblick auf ihr elastisches Verhalten die natürlichste. Genieteten Verbindungen haftet etwas Künstliches an.

Diese Druckschrift erschien als Anhang zum Jahresbericht 1924 des Schweizerischen Vereins von Dampfkessel-Besitzern.
Buchdruckerei Keller & Co. A.-G., Luzern.

GPSR Compliance

The European Union's (EU) General Product Safety Regulation (GPSR) is a set of rules that requires consumer products to be safe and our obligations to ensure this.

If you have any concerns about our products, you can contact us on ProductSafety@springernature.com

In case Publisher is established outside the EU, the EU authorized representative is:

Springer Nature Customer Service Center GmbH
Europaplatz 3
69115 Heidelberg, Germany

Batch number: 10682323

Printed by Printforce, the Netherlands